AF086543

Printed by Libri Plureos GmbH in Hamburg,
Germany

9 781649 291158

تعلم

Eureka Math®
الصف 1
الوحدات 4 & 5

Great Minds PBC is the creator of Eureka Math®
Wit & Wisdom®, Alexandria Plan™, and PhD Science™

Published by Great Minds PBC. greatminds.org

Copyright © 2020 Great Minds PBC. All rights reserved. No part of this work may be reproduced or used in any form or by any means—graphic, electronic, or mechanical, including photocopying or information storage and retrieval systems—without written permission from the copyright holder

ISBN 978-1-64929-115-8

20 21 22 23 24 25 CCD 10 9 8 7 6 5 4 3 2 1

Printed in the USA

تعلم ♦ تمرن♦ انجح

تتوفر مواد طلاب يوريكا الرياضيات® لقصة الوحدات® (من الروضة إلى الخامسة) في ثلاثية تعلم، تمرن، انجح.
تدعم هذه السلسلة التمايز والمعالجة مع الاحتفاظ بمواد الطلاب منظمة ويمكن الوصول إليها. *سيجد المعلمون أن سلسلة كتب التعلم والتمرن والنجاح تقدم أيضًا موارد متماسكة - وبالتالي أكثر فعالية - للاستجابة للتدخل (RTI)، وممارسة إضافية والتعلم الصيفي.*

تعلم

تُعد مادة تعلم يوريكا الرياضيات بمثابة رفيق للطالب في الصف حيث يظهرون تفكيرهم، ويشاركون ما يعرفونه، ويشاهدون معرفتهم وهي تبني كل يوم. يضم كتاب التعلم تجميعة الواجب الدراسي اليومي - مسائل تطبيقية وتذاكر الخروج ومجموعات المسائل والقوالب - بحجم يسهل حمله والتنقل به.

تمرن

يبدأ كل درس في يوريكا الرياضيات بسلسلة من أنشطة الطلاقة النشطة والحيوية، بما في ذلك تلك الموجودة في ممارسة يوريكا الرياضيات. يمكن للطلاب الذين يجيدون حقائق الرياضيات الخاصة بهم إتقان المزيد من المواد بشكل أكثر عمقًا. *مع كتاب التمرين، يبني الطلاب الكفاءة في المهارات المكتسبة حديثًا ويعزّز التعلم السابق استعدادًا للدرس التالي.*

يوفر كتابا التعلم والتمرين كافة المواد المطبوعة التي سيستخدمها الطلاب لتدريس الرياضيات الأساسية.

إنجح

يُمكن كتاب النجاح Eureka Math الطلاب من العمل بشكل فردي نحو الإتقان. تضفي مجموعات المسائل الإضافية محاذاة الدرس تلو الدرس مع تعليمات الفصل الدراسي أجواء مثالية للاستخدام كواجب منزلي أو تدريب إضافي. يرافق مساعد الواجبات المنزلية كل مجموعة مسائل، وهي عبارة عن الأمثلة العملية التي توضح كيفية حل المسائل المماثلة.

يمكن للمعلمين والمربيين استخدام كتب النجاح من مستويات الصف السابق كأدوات متوافقة مع المناهج لملء الفجوات في المعرفة التأسيسية. سيزدهر الطلاب ويتقدمون بشكل أسرع حيث تسهّل النماذج المألوفة الاتصال بمحتواهم الحالي على مستوى الصف.

EUREKA MATH®

الطلاب والأسر والمعلمين:

نشكرك على كونك جزءًا من مجتمع يوريكا الرياضيات®، حيث نحتفل برونق الرياضيات وتساؤلاتها وإثاراتها.

في الفصل الدراسي Eureka Math، يتم تنشيط التعلم الجديد من خلال التجارب الغنية والحوار. يضع كتاب التعلم بين يدي كل طالب المطالبات وتسلسل المسائل التي يحتاجون إليها للتعبير عن تعلمهم وتعزيزه في الفصل.

ماذا يوجد بكتاب التعلم؟

مسائل تطبيقية: يعد حل المشكلات في سياق العالم الحقيقي جزءًا يوميًا من Eureka Math. يبني الطلاب الثقة والمثابرة وهم يطبّقون معرفتهم في مواقف جديدة ومتنوعة. يشجع المنهج الطلاب على استخدام عملية القراءة - الرسم - الكتابة (RDW) - اقرأ المسألة، وارسم لفهمها، واكتب معادلةً وحلًا. يُسهّل المعلمون أثناء مشاركة الطلاب لعملهم وشرح استراتيجيات الحلول لبعضهم البعض.

مجموعات مسائل: توفر مجموعة المسائل المتسلسلة بعناية فرصة داخل الفصل للعمل المستقل، مع نقاط دخول متعددة للتمايز. يمكن للمعلمين استخدام عملية التحضير والتخصيص لتحديد مسائل "يجب القيام به" لكل طالب. سيكمل بعض الطلاب مسائل أكثر من الآخرين؛ المهم هو أن جميع الطلاب لديهم فترة 10 دقائق لممارسة ما تعلموه على الفور، بدعم خفيف من معلمهم.

يحضر الطلاب مجموعة المسائل معهم إلى النقطة النهائية في كل درس: استخلاص المعلومات للطالب. هنا، يتأمل الطلاب مع أقرانهم ومعلميهم، في توضيح وتعزيز ما تساءلوا عنه، ولاحظوه، وتعلموه في ذلك اليوم.

تذاكر الخروج: يُظهر الطلاب لمعلمهم ما يعرفونه من خلال عملهم على تذكرة الخروج اليومية. يوفر التحقق من الفهم للمعلم أدلة قيّمة في الوقت الفعلي حول فعالية تعليمات ذلك اليوم، مما يمنح رؤية ثاقبة حول مكان التركيز التالي.

النماذج: من وقت لآخر، تتطلب المسائل التطبيقية أو مجموعة المسائل أو أي نشاط آخر في الفصل الدراسي أن يكون لدى الطلاب نسختهم الخاصة من صورة أو نموذج قابل لإعادة الاستخدام أو مجموعة بيانات. يُعرض كل درس من هذه النماذج مع الدرس الأول الذي يتطلب ذلك.

أين يمكنني معرفة المزيد عن موارد يوريكا الرياضيات؟

يلتزم فريق Great Minds® بدعم الطلاب والأسر والمعلمين من خلال مكتبة من الموارد المتزايدة باستمرار والمتوفرة على eureka-math.org. يقدم الموقع أيضًا قصصًا ملهمة عن النجاح في مجتمع يوريكا الرياضيات. شارك أفكارك وإنجازاتك مع زملائك المستخدمين من خلال أن تصبح بطل Eureka Math.

أطيب التمنيات لسنة مليئة بلحظات التميز!

جيل دينيز
مدير الرياضيات
Great Minds

عملية القراءة والكتابة

يدعم منهج يوريكا الرياضيات الطلاب أثناء حل المسائل باستخدام عملية بسيطة ومتكررة قدّمها المعلم. تدعو عملية القراءة - الرسم - الكتابة (RDW) الطلاب إلى

1. قراءة المسألة.
2. ارسم وعنوّن.
3. اكتب معادلة.
4. اكتب جملة باستخدام الكلمات (بيان).

يتم تشجيع المعلمين على تعزيز العملية التعليمية عن طريق الأسئلة الاعتراضية مثل

- ماذا ترى؟
- هل يمكنك رسم شيء؟
- ما الاستنتاجات التي يمكنك استخلاصها من الرسم الخاص بك؟

كلما زاد شارك الطلاب في التفكير من خلال المسائل مع هذا النهج المنهجي المنفتح، زاد استيعابهم لعملية التفكير وتطبيقها تلقائيًا لسنوات قادمة.

المحتويات

الوحدة 4: القيمة المكانية، والمقارنة، والجمع والطرح إلى 40

الموضوع أ: عشرات وآحاد

الدرس 1 3
الدرس 2 9
الدرس 3 17
الدرس 4 23
الدرس 5 29
الدرس 6 37

الموضوع ب: مقارنة بين أزاوج الأعداد المكونة من رقمين

الدرس 7 45
الدرس 8 51
الدرس 9 57
الدرس 10 63

الموضوع ج: جمع وطرح العشرات

الدرس 11 69
الدرس 12 79

الموضوع د: جمع العشرات أو الآحاد مع الأعداد المكونة من رقمين

الدرس 13 85
الدرس 14 91
الدرس 15 97
الدرس 16 103
الدرس 17 109
الدرس 18 115

الموضوع هـ: أنواع المسائل المختلفة ضمن العدد 20

الدرس 19 121
الدرس 20 125
الدرس 21 129
الدرس 22 133

الموضوع و: جمع العشرات أو الآحاد مع الأعداد المكونة من رقمين

الدرس 23 139
الدرس 24 145
الدرس 25 151
الدرس 26 157
الدرس 27 163
الدرس 28 169
الدرس 29 175

الوحدة 5: تحديد وتكوين وتقسيم الأشكال

الموضوع أ: سمات الأشكال

الدرس 1 183
الدرس 2 189
الدرس 3 195

الموضوع ب: العلاقات الجزئية داخل الأشكال المركبة

الدرس 4 201
الدرس 5 207
الدرس 6 215

الموضوع ج: أنصاف وأرباع المستطيلات والدوائر

الدرس 7 221
الدرس 8 227
الدرس 9 235

الموضوع د: تطبيق أنصاف إخبار الوقت

الدرس 10 243
الدرس 11 249
الدرس 12 255
الدرس 13 261

الصف 1

الوحدة 4

اقرأ

تحمل جوي 10 كرات بلي في يدها و 10 كرات بلي في اليد الأخرى. كم إجمالي عدد كرات البلي التي تحملها؟

ارسم

اكتب

_____

_____

_____

الدرس 1 مجموعة مسائل

الاسم _____ التاريخ _____

ارسم دوائر حول مجموعات من 10. اكتب الرقم لإظهار إجمالي عدد الكائنات.

1. يوجد _____ حبات من العنب.

2. يوجد _____ جزرة (جزرات).

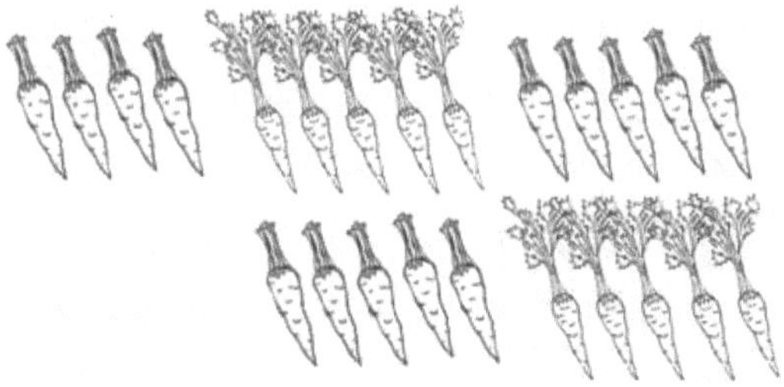

3. يوجد _____ تفاحات.

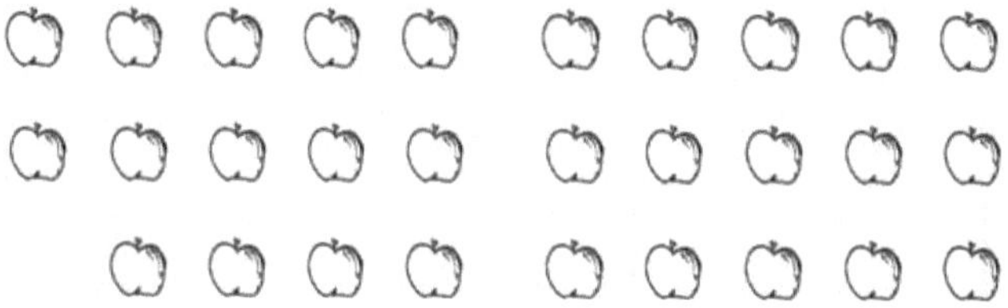

4. يوجد _____ فول سوداني.

5. يوجد _____ حبات من العنب.

6. يوجد _____ جزرة (جزرات).

7. يوجد _____ تفاحات.

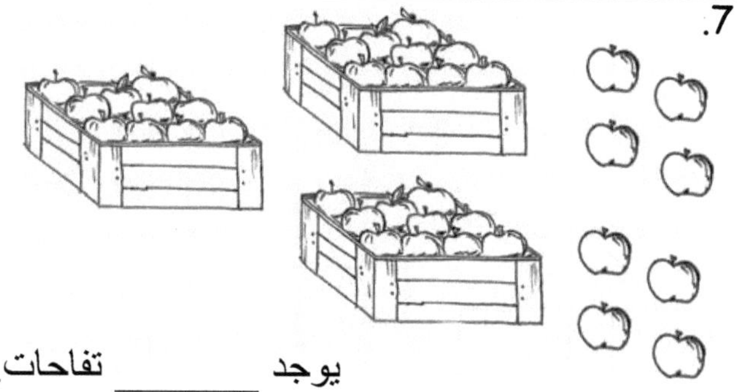

8. يوجد _____ فول سوداني.

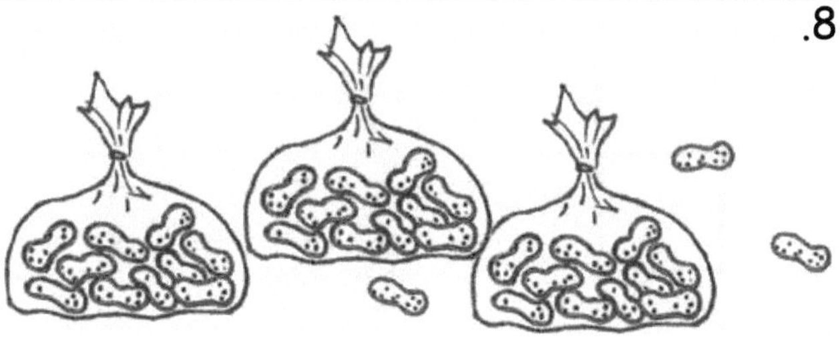

الدرس 1: قارن بين كفاءة العد بالآحاد والعد بالعشرات.

أنشيء رابط رقمي لإظهار العشرات والآحاد.

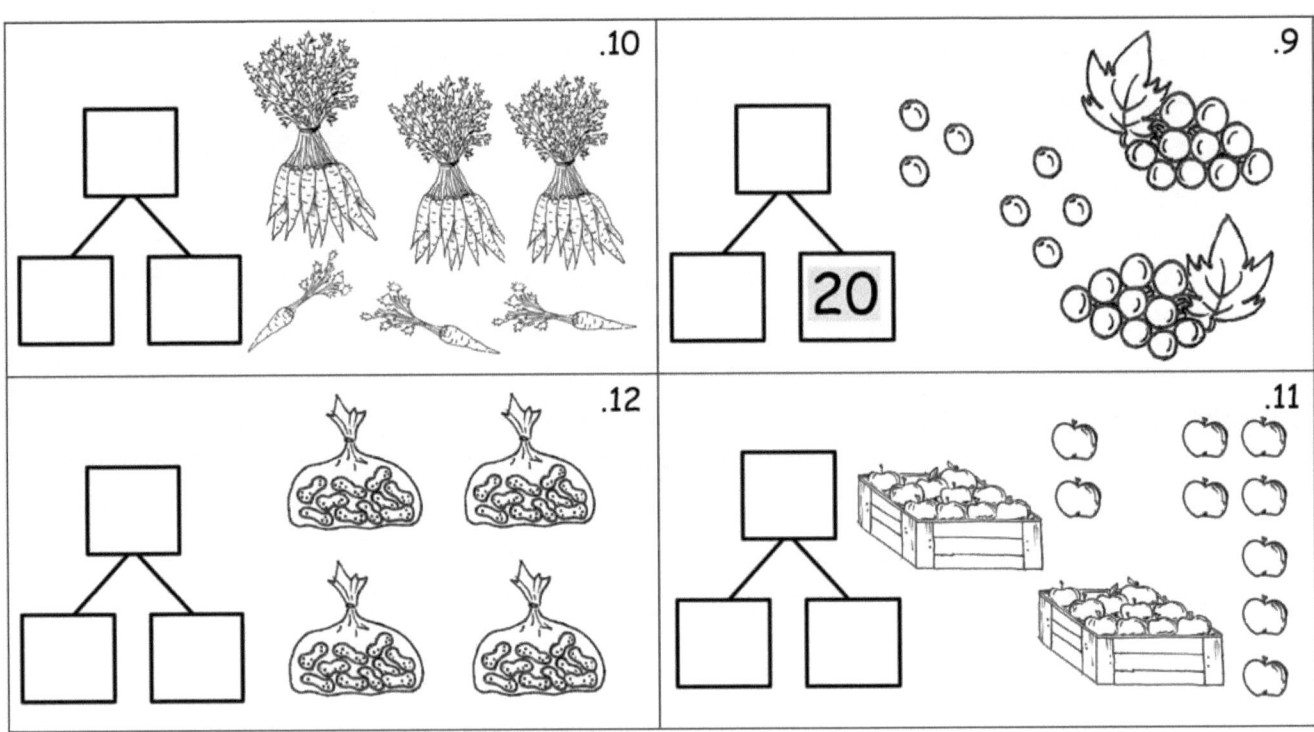

.9

.10

.11

.12

أنشيء رابط رقمي لإظهار العشرات والآحاد. ارسم دوائر حول العشرات للمساعدة.

.13

.14

.15

.16

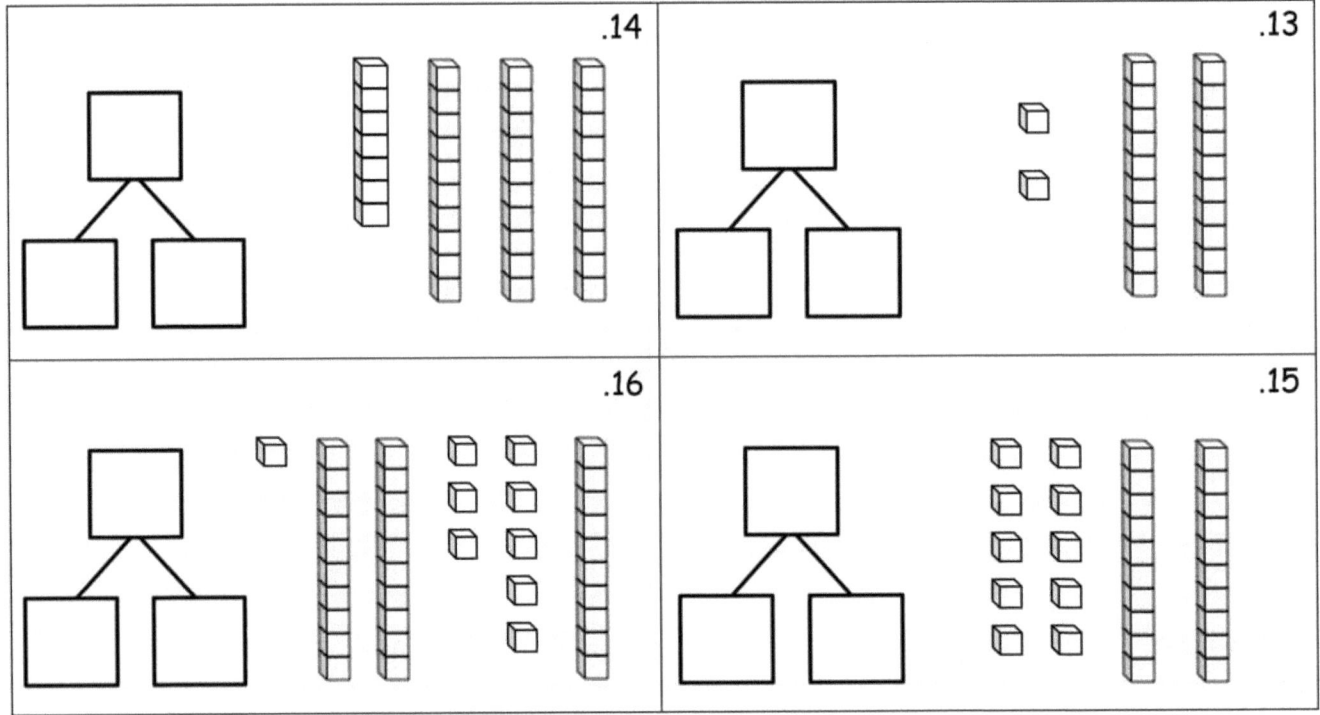

الاسم ____________________ التاريخ __________

أكمل الروابط الرقمية.

.1

.2

.3

.4

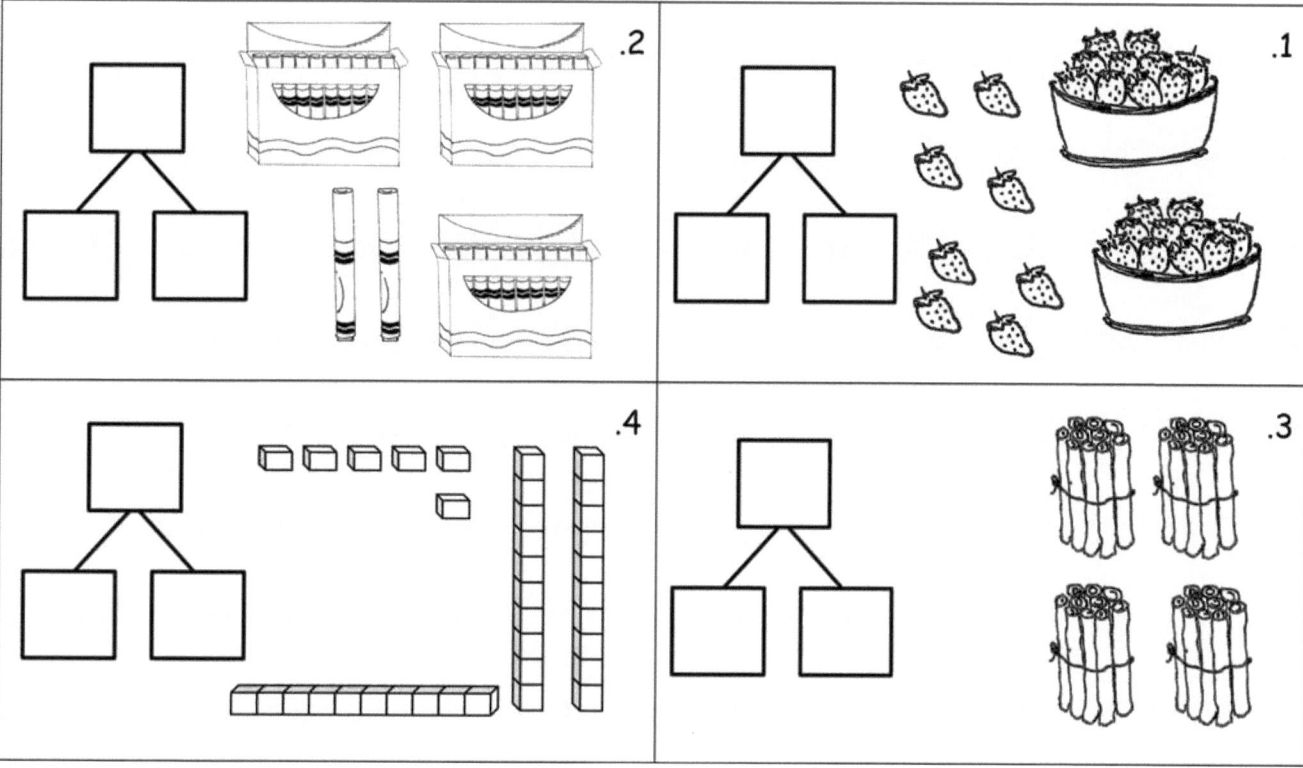

اقرأ

مع تيد 4 صناديق في كل منها 10 أقلام رصاص. كم إجمالي عدد الأقلام الرصاص معه؟

ارسم

اكتب

الاسم ______________________ التاريخ ______________

اكتب العشرات والآحاد وانطق الأعداد. أكمل الجملة.

.1

17 = ______ عشرات ______ آحاد

.2

26 = ______ عشرات ______ آحاد

.3

28 = ______ عشرات ______ آحاد

.4

______ عشرات ______ آحاد = 33

.5

عشرات	آحاد

يوجد ______ بالونات.

.6

عشرات	آحاد

يوجد ______ زهرات.

.7

عشرات	آحاد

يوجد ______ كرات بلي.

.8

عشرات	آحاد

يوجد ______ فول سوداني.

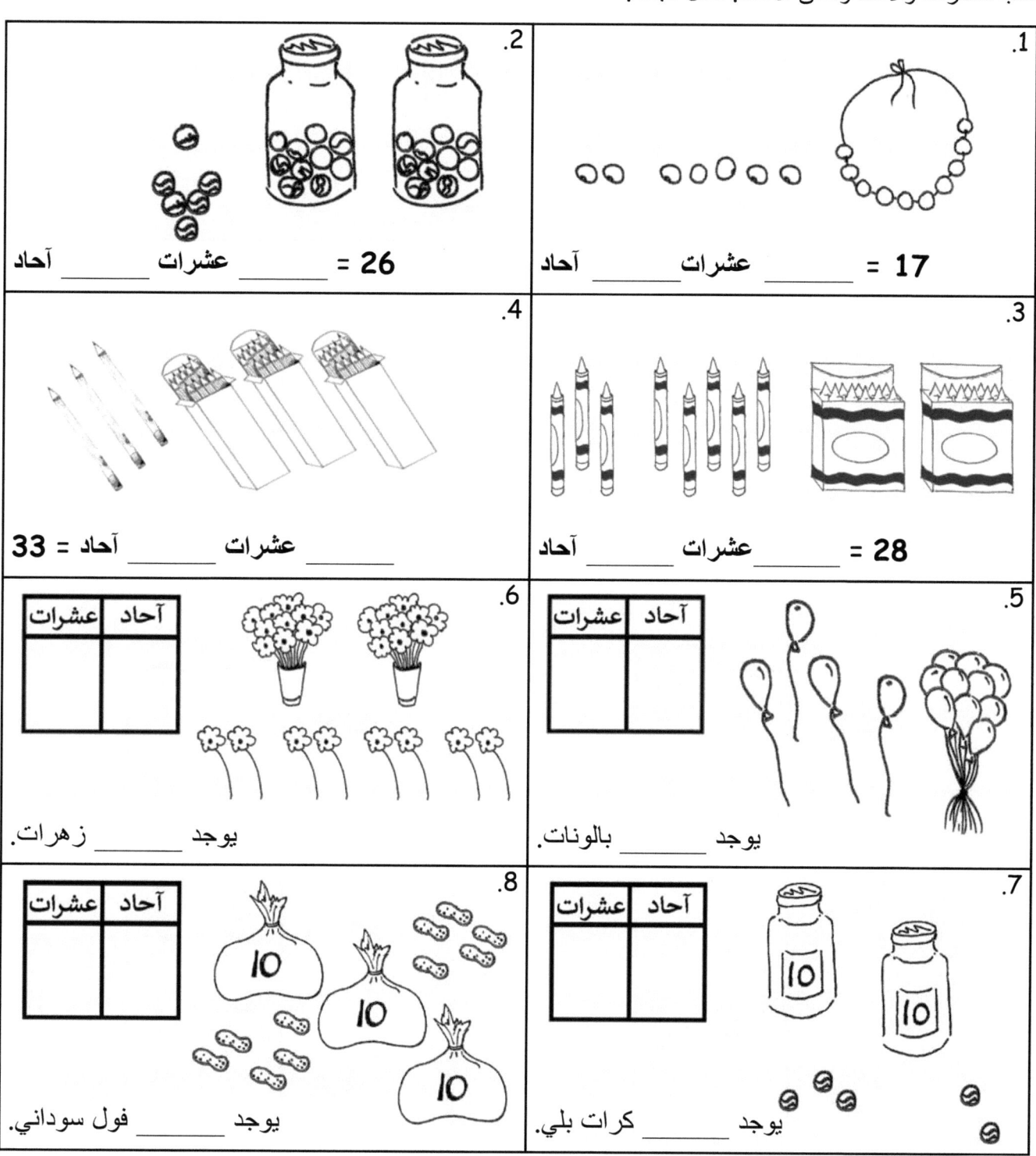

اكتب العشرات والآحاد. أكمل الجملة.

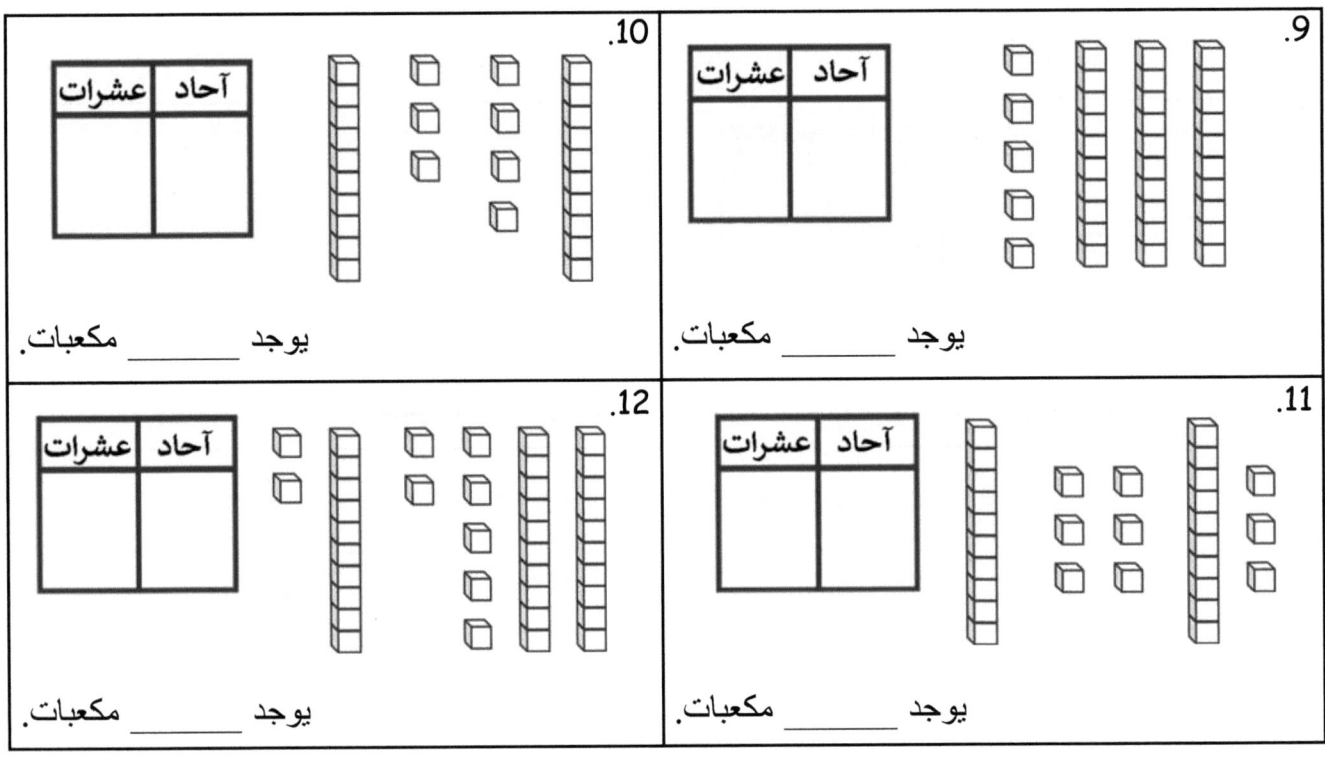

.9

عشرات	آحاد

يوجد ______ مكعبات.

.10

عشرات	آحاد

يوجد ______ مكعبات.

.11

عشرات	آحاد

يوجد ______ مكعبات.

.12

عشرات	آحاد

يوجد ______ مكعبات.

اكتب الأرقام الناقصة. انطقها بالطريقة العادية وبطريقة العشرات.

.13

عشرات	آحاد

← 35

.14

عشرات	آحاد
2	7

← ______

.15

عشرات	آحاد
3	9

← ______

.16

عشرات	آحاد

← 29

.17

عشرات	آحاد
	0

← 40

.18

عشرات	آحاد

← 9

EUREKA MATH

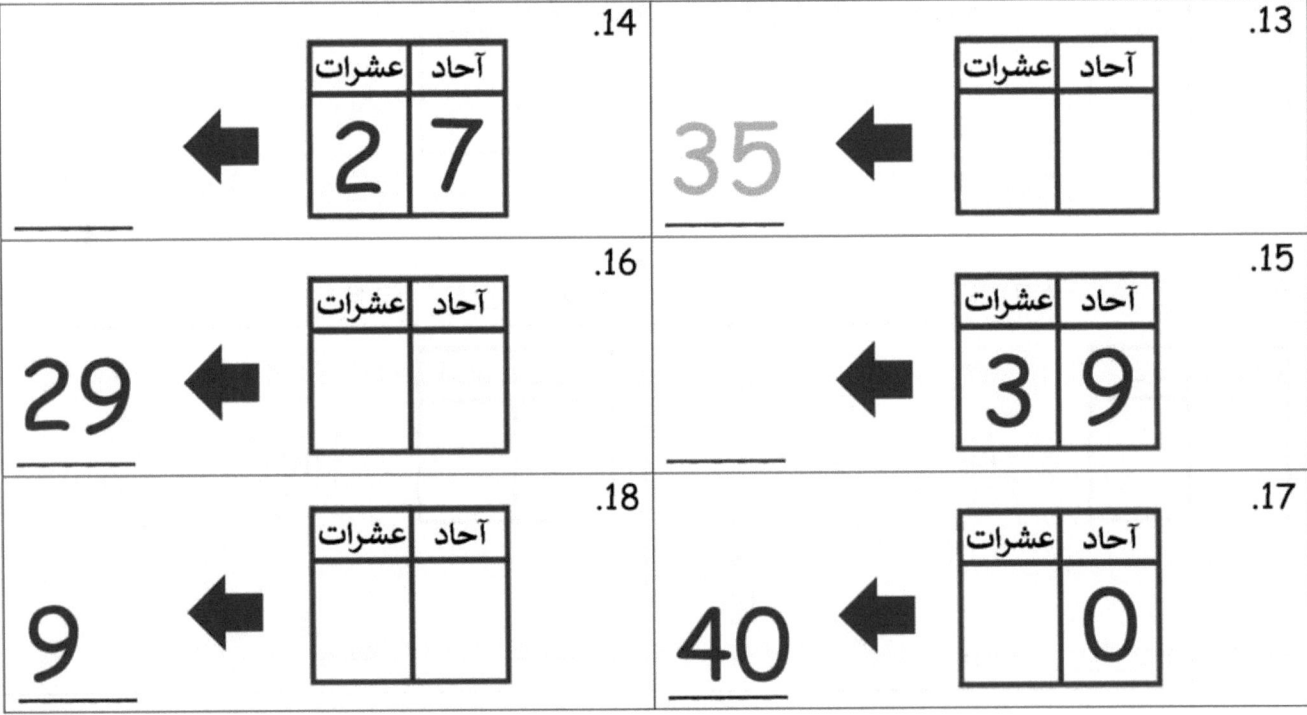

الاسم ______________________________ التاريخ ______________

طابق الصورة بمخطط القيمة المكانية الذي يظهر العشرات والآحاد الصحيحة.

عشرات	آحاد
4	0

عشرات	آحاد
1	7

عشرات	آحاد
3	3

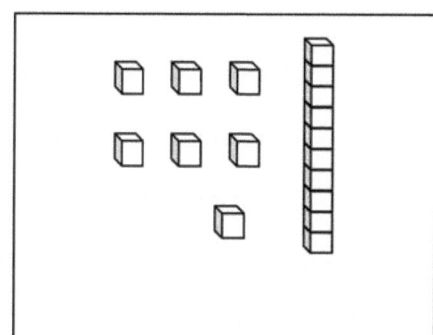

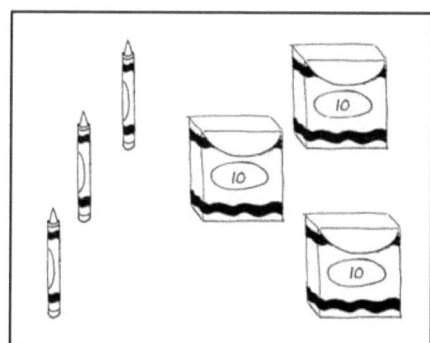

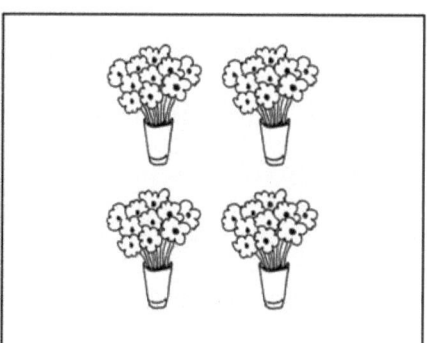

عشرات	آحاد

مخطط القيمة المكانية

اقرأ

تكتب سيو العدد 34 على مخطط القيمة المكانية. لا تستطيع أن تتذكر ما إذا كان معها 4 عشرات و 3 آحاد أم 3 عشرات و 4 آحاد.

استخدم مخطط القيمة المكانية لتظهر عدد العشرات والآحاد في العدد 34.

استخدم الرسم والكلمات لشرح هذا لسيو.

ارسم

4•1 الدرس 3 مسائل تطبيقية
قصة الوحدات

اكتب

18 الدرس 3: اشرح الأعدد المكونة من رقمين كأنها عشرات وبعض الآحاد أو كأنها كلها آحاد.

الاسم ______________________ التاريخ ______________

عد أكبر عدد ممكن من العشرات. أكمل كل عبارة. انطق الأرقام والجمل.

.1

______ عشرات ______ آحاد

تساوي ______ آحاد.

.2

______ عشرات ______ آحاد

يساوي ______ آحاد.

.3

______ عشرات ______ آحاد

يساوي ______ آحاد.

.4

______ عشرات ______ آحاد

يساوي ______ آحاد.

.5

______ عشرات ______ آحاد

يساوي ______ آحاد.

.6

______ عشرات ______ آحاد

يساوي ______ آحاد.

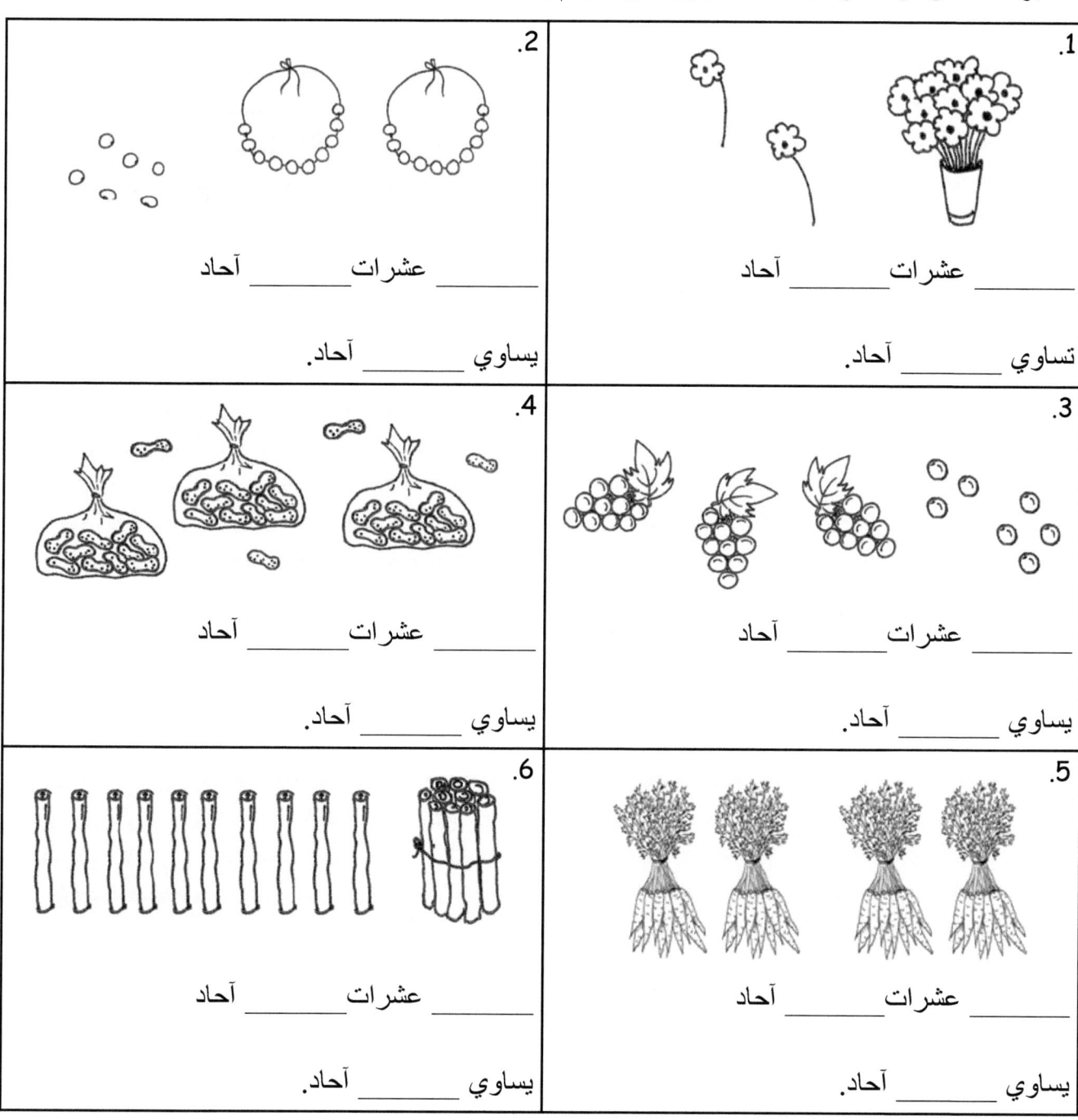

طابق.

.7 3 عشرات 2 عشرات

.8

آحاد	عشرات
7	1

.9 37 آحاد

.10 4 عشرات

.11

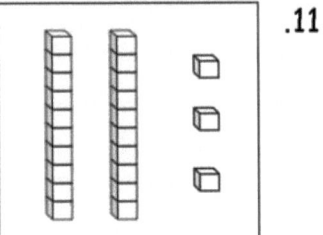

.12 9 آحاد 2 عشرات

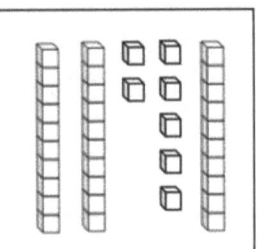

29 آحاد

40 آحاد

23 آحاد

32 آحاد

17 آحاد

املأ الأرقام الناقصة.

.13 15 ←

آحاد	عشرات

← ______ آحاد

.14 ______ → ______ عشرات ______ آحاد → 39 آحاد

1•4 الدرس 3 تذكرة الخروج
قصة الوحدات

الاسم ____________________ التاريخ ____________

عد أكبر عدد ممكن من العشرات. أكمل كل عبارة. انطق الأرقام والجمل.

.1

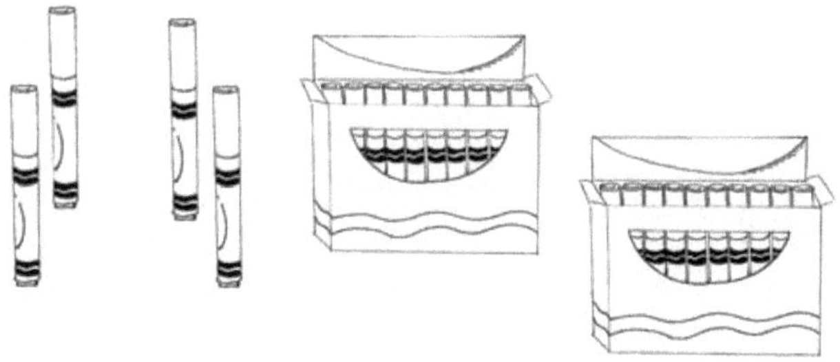

______ **عشرات** ______ **آحاد**

يساوي ______ **آحاد.**

.2

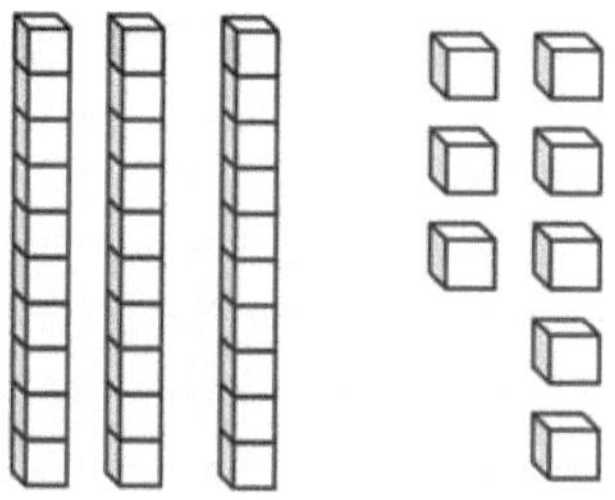

______ **عشرات** ______ **آحاد**

يساوي ______ **آحاد.**

املأ الأرقام الناقصة.

.3 27 ⬅

آحاد	عشرات

⬅ ______ آحاد

EUREKA MATH الدرس 3: اشرح الأعدد المكونة من رقمين كأنها عشرات وبعض الآحاد أو كأنها كلها آحاد. 21

Copyright © Great Minds PBC

اقرأ

مع ليزا 3 صناديق في كل منها 10 أقلام تلوين، فضلاً عن 5 أقلام تلوين إضافية. لدى سالي 19 قلم تلوين.

قالت سالي أن معها أقلام تلوين أكثر، ولكن ليزا رفضت ذلك.

من منهما على حق؟

ارسم

اكتب

_____

_____

_____

الدرس 4: اكتب واشرح الأعداد المكونة من رقمين في صورة جمل جمع تحتوي على عشرات وآحاد.

الاسم ________________ التاريخ ________________

أكمل الرابطة الرقمية. أكمل الجمل.

.1

20 و 3 تساوي

20 + 3 = ______

.2

20 و 8 تساوي

20 + 8 = ______

.3

20 + 7 = ______

7 زائد 20 تساوي

.4

30 + 6 = ______

6 زائد 30 يساوي

.5

5 + 20 = ______

20 زائد 5 يساوي

.6

8 + 30 = ______

30 زائد 8 يساوي

EUREKA MATH

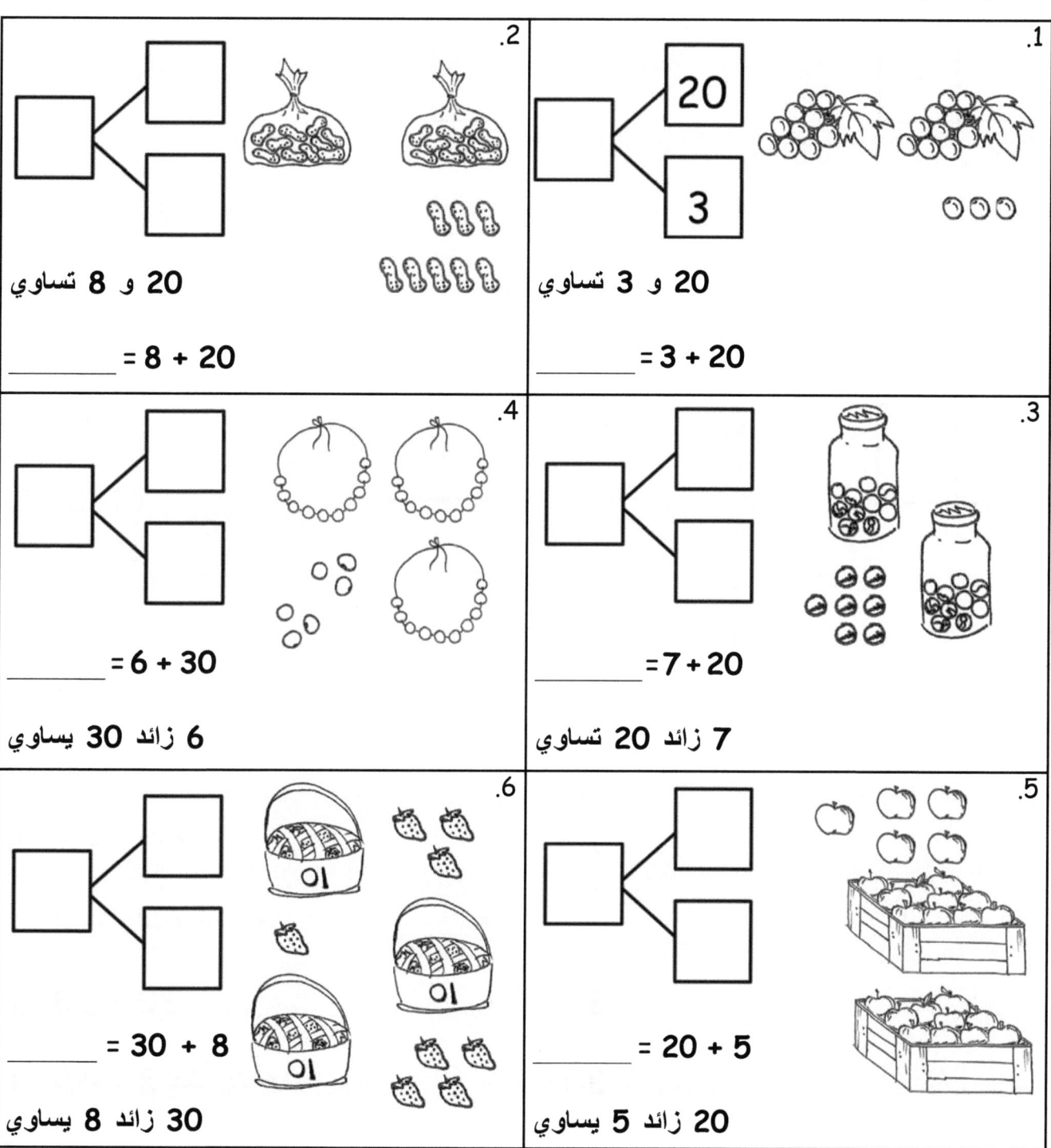

اكتب العشرات والآحاد. بعد ذلك، اكتب جملة جمع لإضافة العشرات والآحاد.

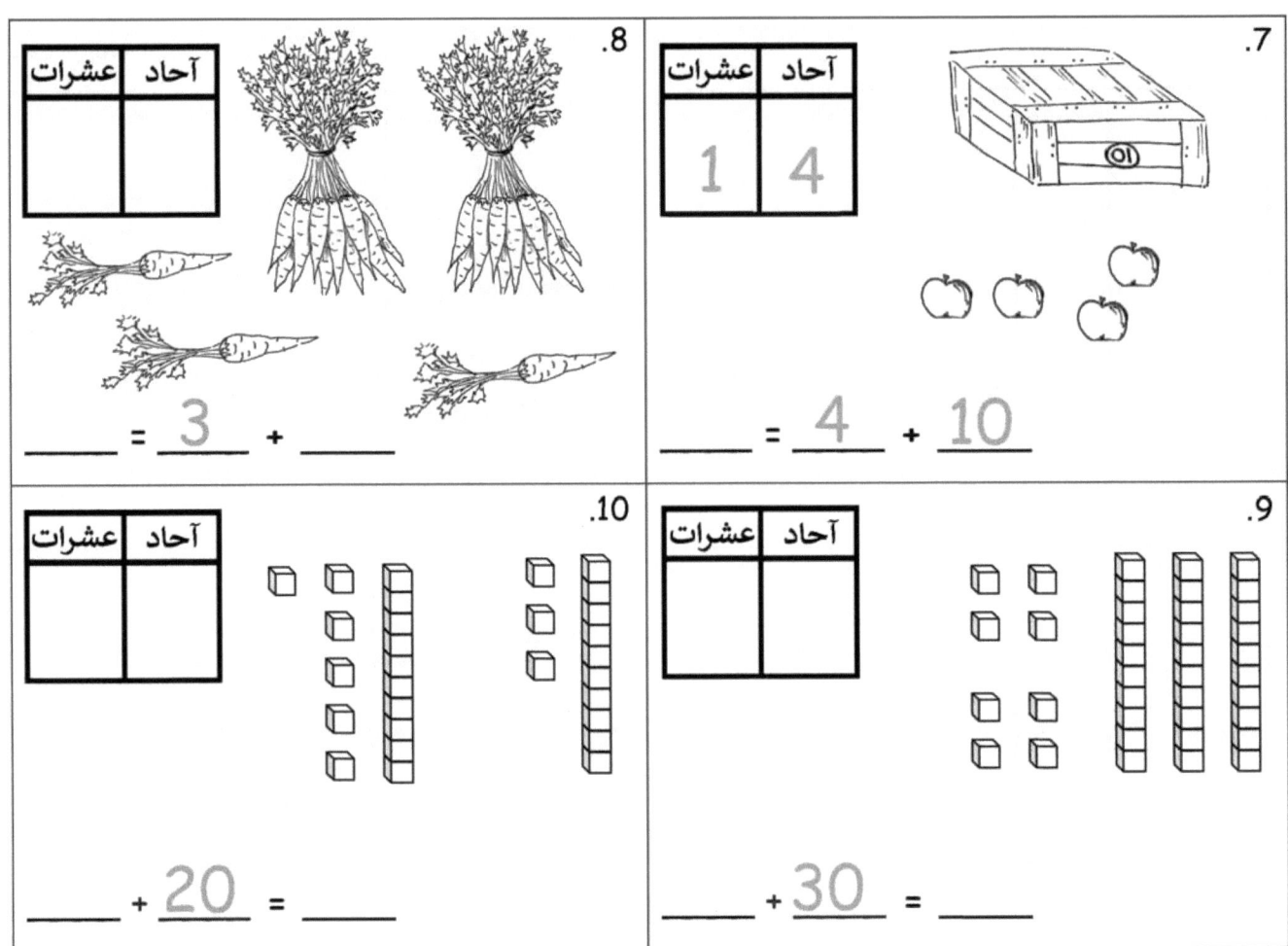

.7

آحاد	عشرات
4	1

____ = 4 + 10

.8

آحاد	عشرات

____ = 3 + ____

.9

آحاد	عشرات

____ + 30 = ____

.10

آحاد	عشرات

____ + 20 = ____

طابق.

.11 4 عشرات •	• 7 + 20
.12 2 عشرات7 آحاد •	• 40
.13 3 زائد 20 •	• 3 + 20
.14 9 آحاد 3 عشرات •	• 30 + 2
.15 2 آحاد 3 عشرات •	• 30 + 9

الاسم _____ التاريخ _____

اكتب العشرات والآحاد. بعد ذلك، اكتب جملة جمع لإضافة العشرات والآحاد.

1.
عشرات	آحاد

____ + 10 = ____

2.
عشرات	آحاد

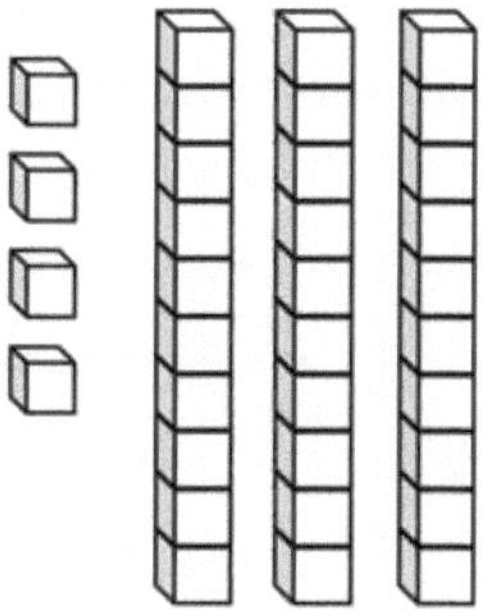

____ + 4 = ____

3.
عشرات	آحاد

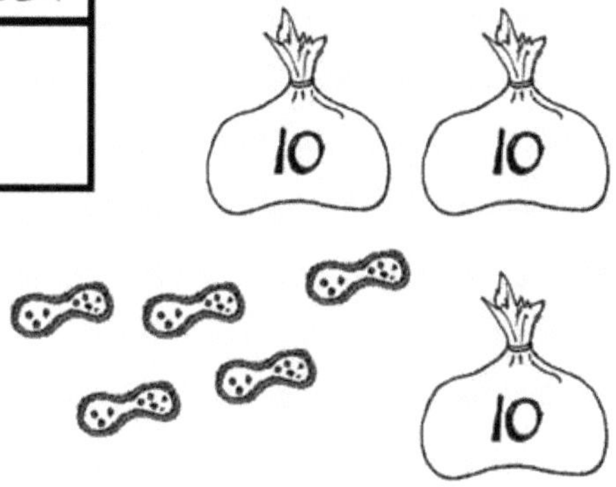

____ + 30 = ____

4.
عشرات	آحاد

____ + 6 = ____

اقرأ

مع لي 4 أقلام رصاص واشترت 10 أخرى. مع كيانا 17 قلم رصاص وفقدت 10 منها. من معه أقلام رصاص أكثر الآن؟ استخدم الرسومات والألفاظ والجمل الرقمية لشرح طريقة تفكيرك.

ارسم

اكتب

_____

_____

_____

الاسم ______________________________ التاريخ ____________

اكتب الرقم.

.1

1 زائد 30 يساوي ______

.2

1 أقل من 30 يساوي ______

.3

1 زائد 39 يساوي ______

.4

1 أقل من 39 يساوي ______

.5

10 زائد 27 يساوي ______

.6

10 أقل من 33 يساوي ______

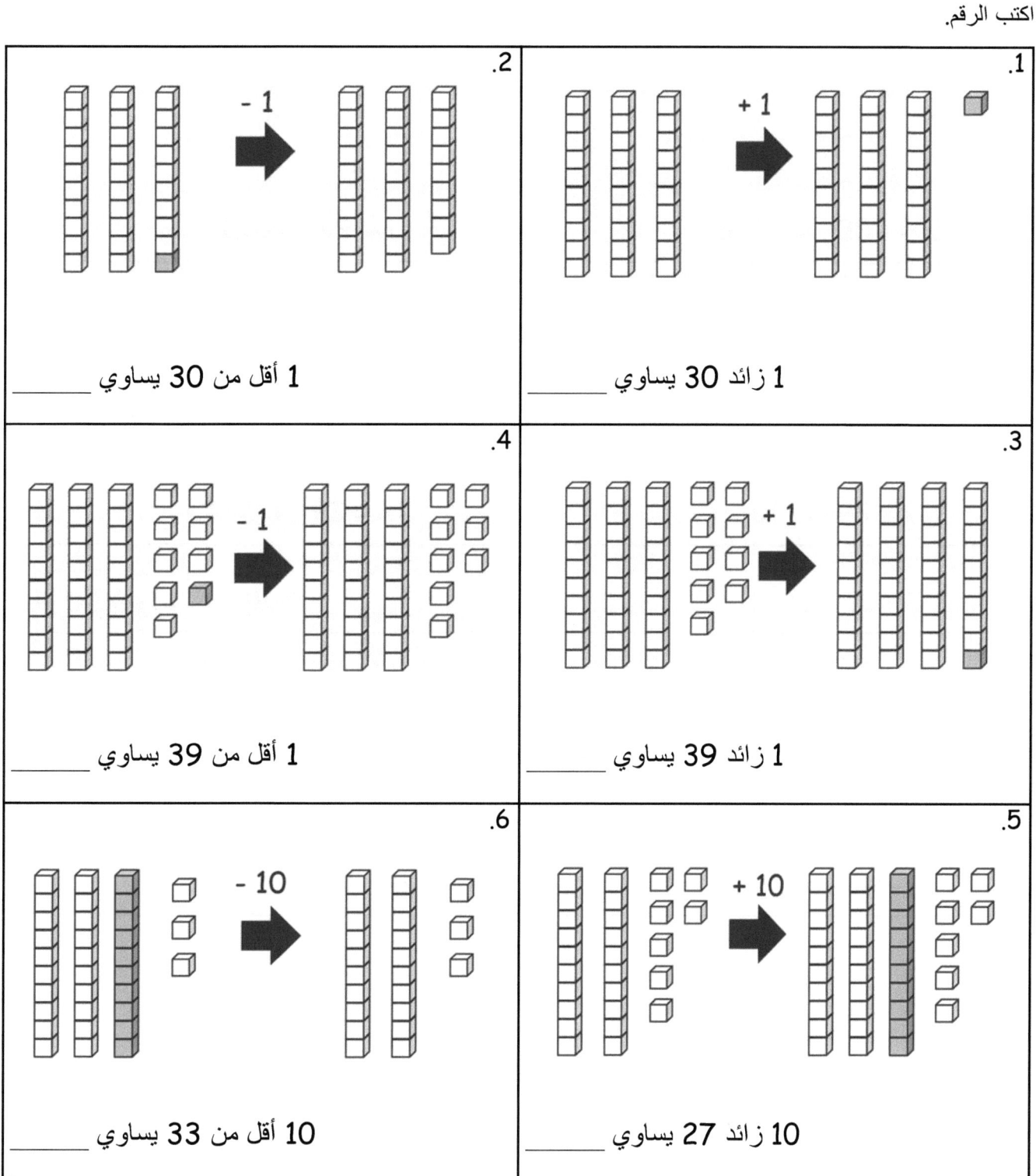

ارسم 1 أكثر و 10 أكثر. يمكنك استخدام عشرة سريعة لإظهار 10 أكثر.

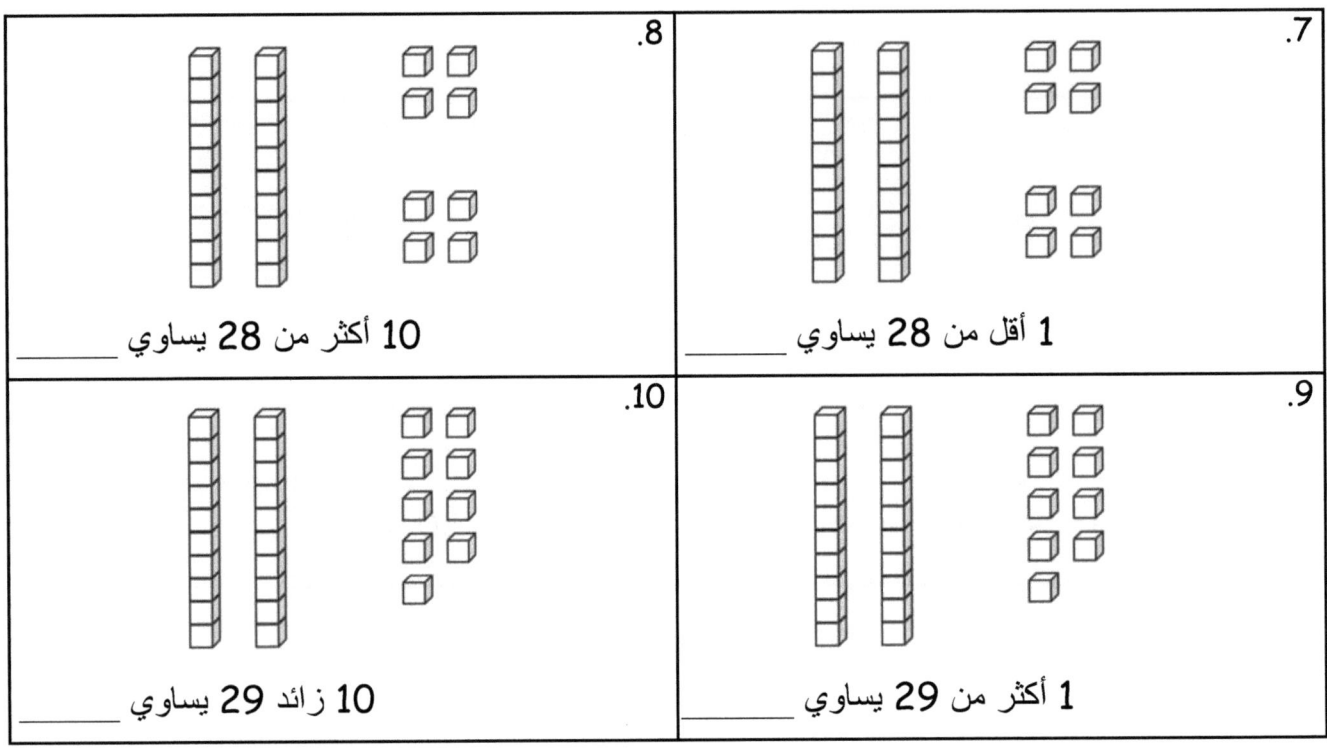

.7

1 أقل من 28 يساوي ______

.8

10 أكثر من 28 يساوي ______

.9

1 أكثر من 29 يساوي ______

.10

10 زائد 29 يساوي ______

اشطب (x) لإظهار 1 أقل أو 10 أقل.

.11

10 أقل من 26 يساوي ______

.12

1 أقل من 26 يساوي ______

.13

10 أقل من 40 يساوي ______

.14

1 أقل من 40 يساوي ______

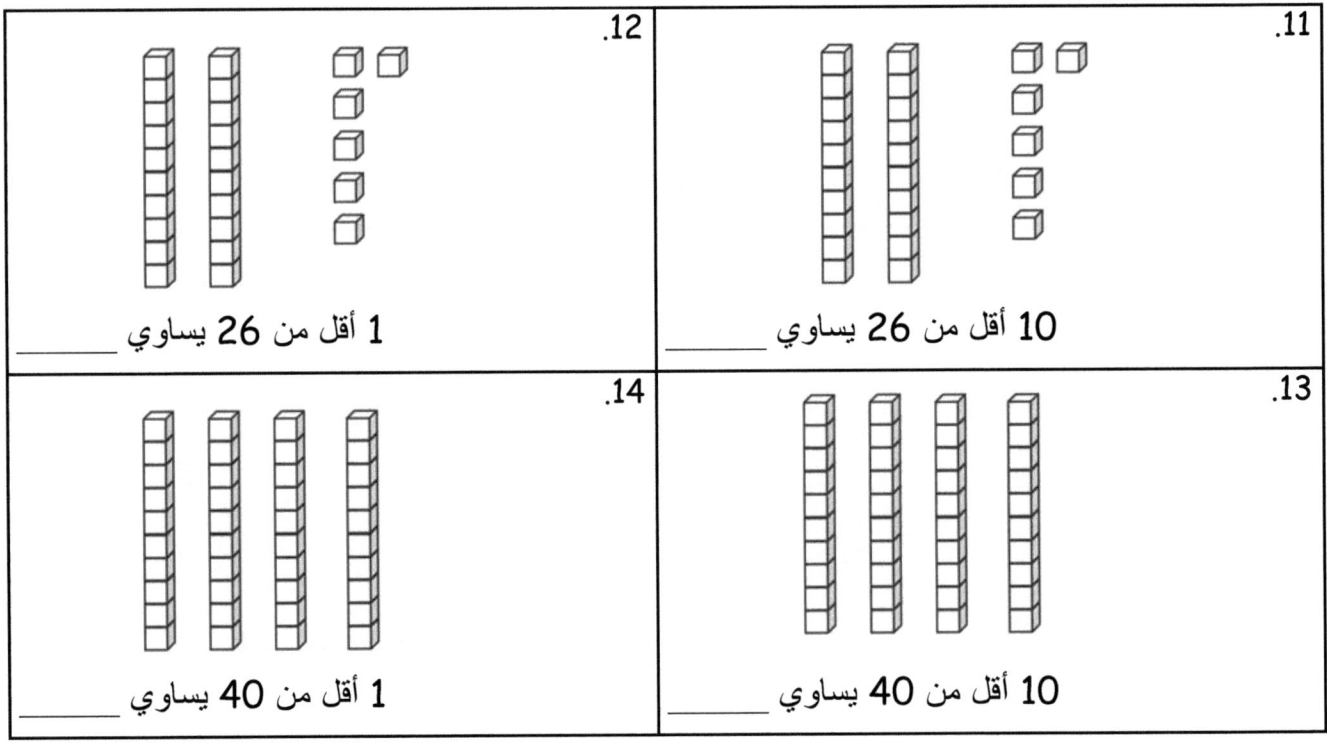

الاسم ____________________________ التاريخ ______________

ارسم 1 أكثر و 10 أكثر. يمكنك استخدام عشرة سريعة لإظهار 10 أكثر.

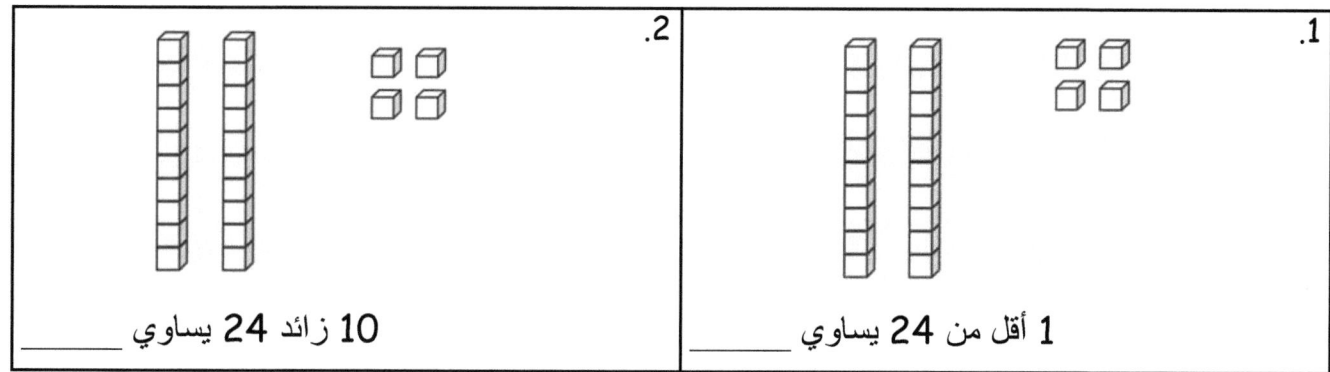

1.

1 أقل من 24 يساوي ______

2.

10 زائد 24 يساوي ______

اشطب (x) لإظهار 1 أقل أو 10 أقل.

3.

10 أقل من 30 يساوي ______

4.

1 أقل من 30 يساوي ______

EUREKA MATH

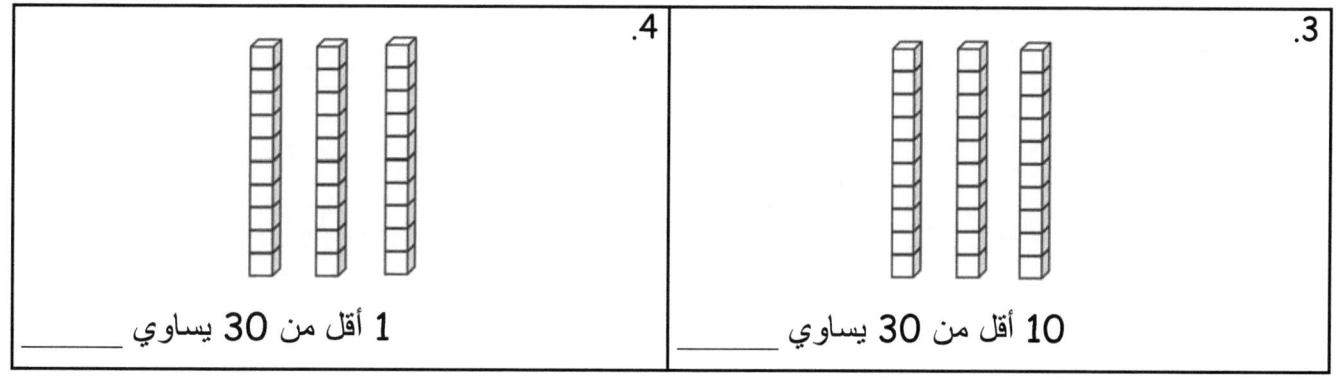

عشرات	آحاد

عشرات	آحاد

مخططات القيمة المكانية الزوجية

اقرأ

لدى شيلا 3 حقائب في كل منها 10 قطع حلوى في كل حقيبة و 9 قطع حلوى إضافية. أعطت حقيبة (1) لصديق. كم عدد قطع الحلوى التي معها الآن؟

امتداد: لدى جون 19 قطعة حلوى. كم عدد قطع الحلوى التي يحتاجها ليكون معه عدد مساوي للعدد مع شيلا؟

ارسم

قصة الوحدات الدرس 6 مسائل تطبيقية 4•1

اكتب

_____

_____

_____

الاسم ______________________ التاريخ ____________

أكمل مخطط القيمة المكانية والفراغات.

.1

عشرات	آحاد

20 = ______ عشرات

.2

عشرات	آحاد

14 = ______ عشرات و ______ آحاد

.3

دايمات	بينسات

______ = 3 عشرات 5 آحاد

.4

دايمات	بينسات

______ = 2 عشرات 6 آحاد

.5

دايمات	بينسات

______ = ______ عشرات ______ آحاد

.6

دايمات	بينسات

______ = ______ عشرات ______ آحاد

.7

عشرات	آحاد

______ = ______ عشرات ______ آحاد

.8

عشرات	آحاد

______ عشرات ______ آحاد = ______

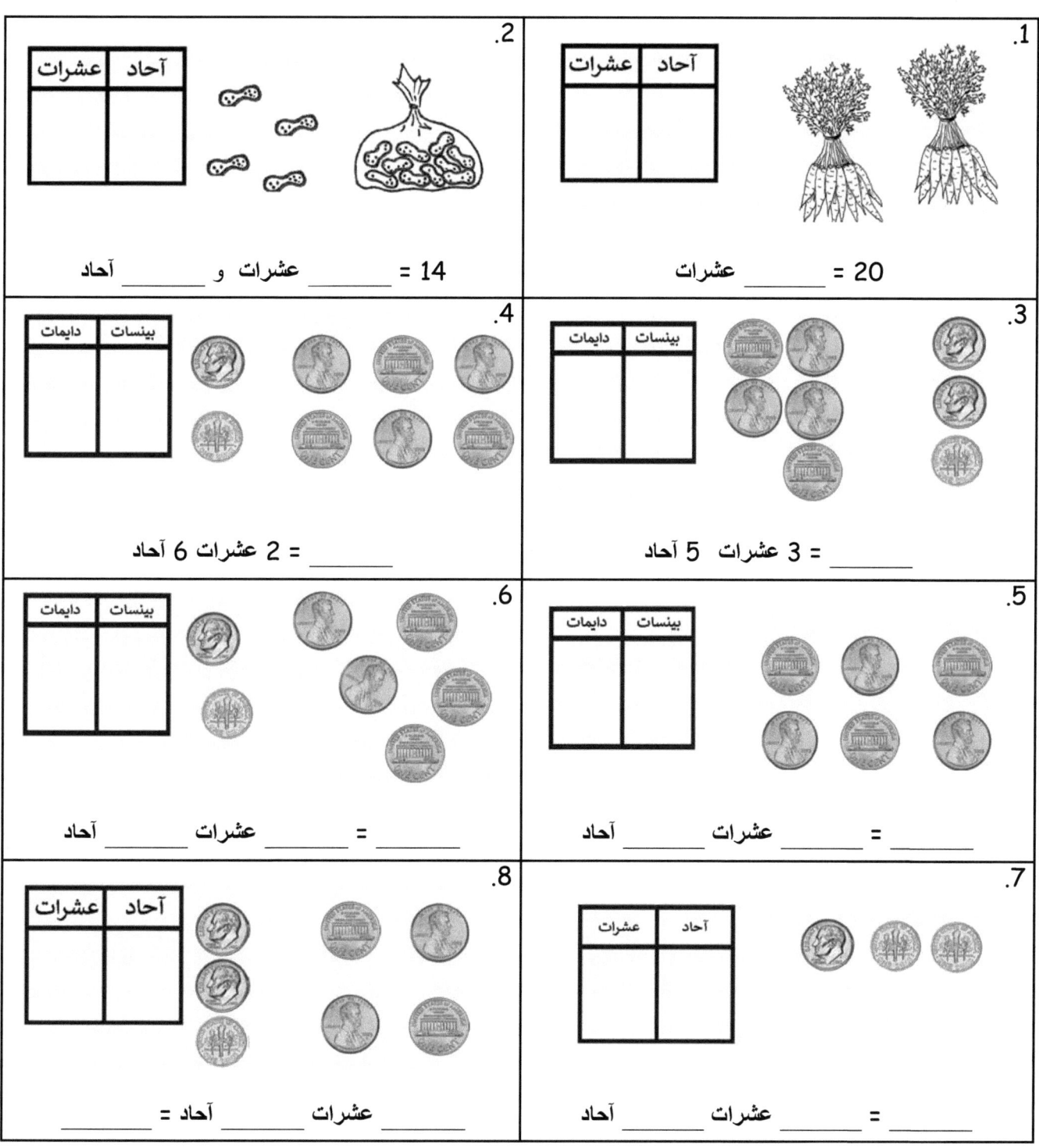

أكمل الفراغات. ارسم أو اشطب العشرات أو الآحاد على حسب الحاجة.

10 زائد 25 يساوي 35

9. 1 زائد 15 يساوي _____

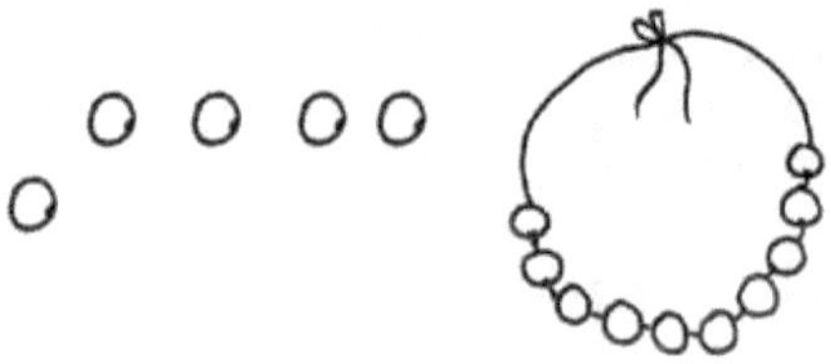

10. 10 زائد 5 يساوي _____

11. 10 زائد 30 يساوي _____

12. 1 زائد 30 يساوي _____

13. 1 أقل من 24 يساوي _____

14. 10 أقل من 24 يساوي _____

15. 10 أقل من 21 يساوي _____

16. 1 أقل من 21 يساوي _____

الدرس 6 تذكرة الخروج

الاسم _____ التاريخ _____

أكمل الفراغات. ارسم أو اشطب العشرات أو الآحاد على حسب الحاجة.

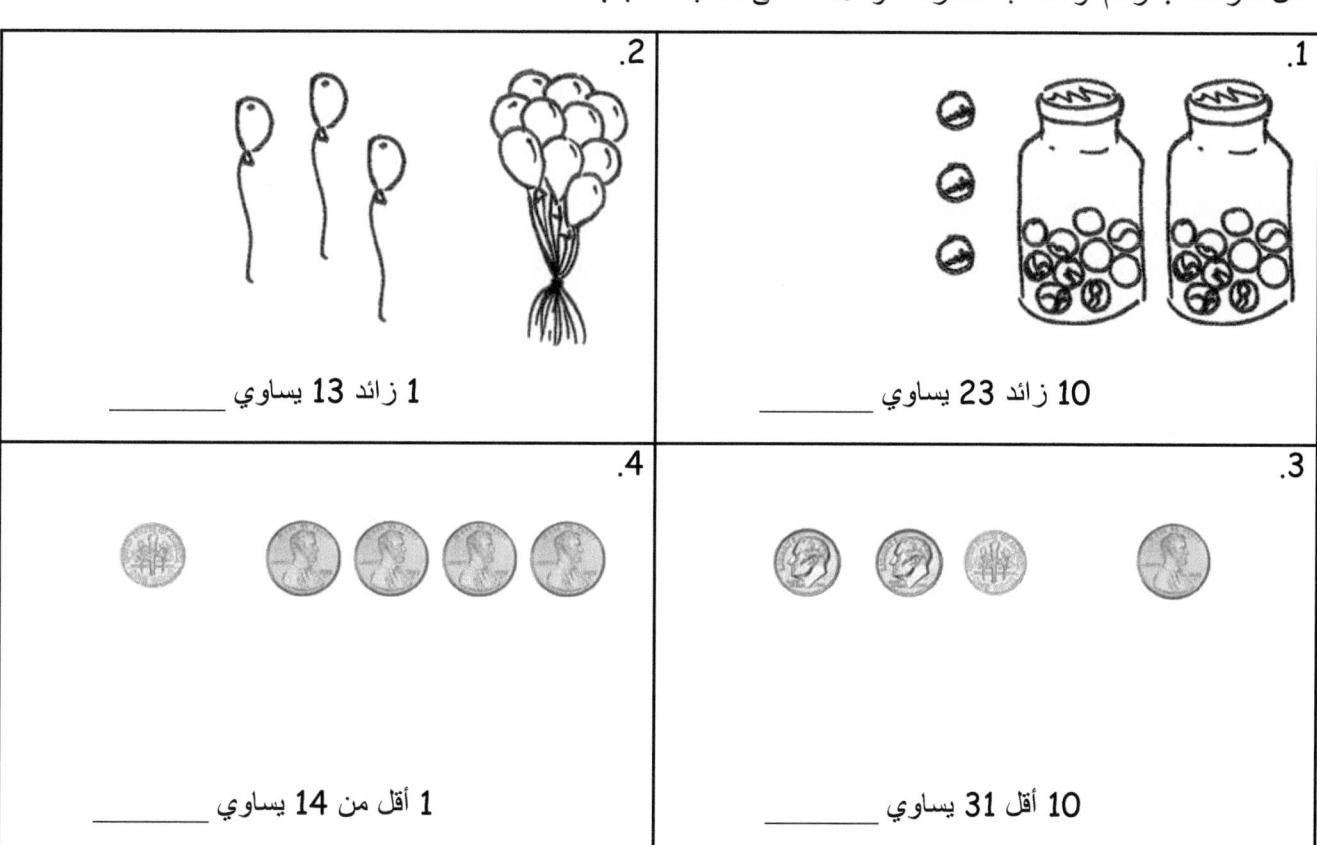

1. 10 زائد 23 يساوي _____

2. 1 زائد 13 يساوي _____

3. 10 أقل 31 يساوي _____

4. 1 أقل من 14 يساوي _____

دايمات	بينسات

عشرات	آحاد

العملة ومخططات القيمة المكانية

الدرس 6: استخدم الدايمات والعشرات لتمثيل العشرات والآحاد.

اقرأ

مع بيني 10 دايمات. مع ماركوس 4 بنسات.

يقول بيني "معنا نفس المبلغ من المال!" هل هو محق فيما يقول؟

استخدم الرسوم أو الألفاظ للشرح.

ارسم

قصة الوحدات   الدرس 7 مسائل تطبيقية   4•1

اكتب

_____

_____

_____

الاسم _____ التاريخ _____

لكل زوج، اكتب عدد العناصر في كل مجموعة. بعد ذلك، ضع دائرة حول عدد العناصر الأكبر.

1. _____   _____

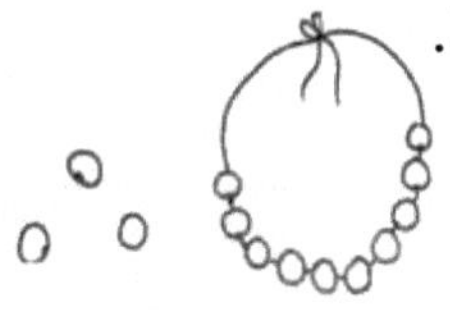

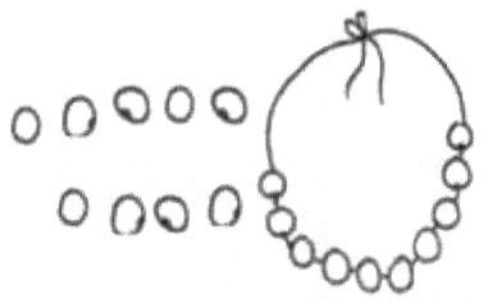

2. _____   _____

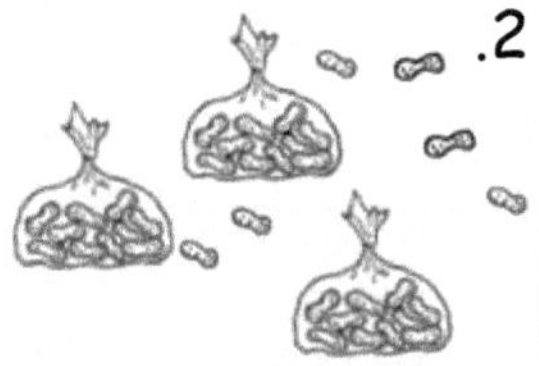

3. _____   _____

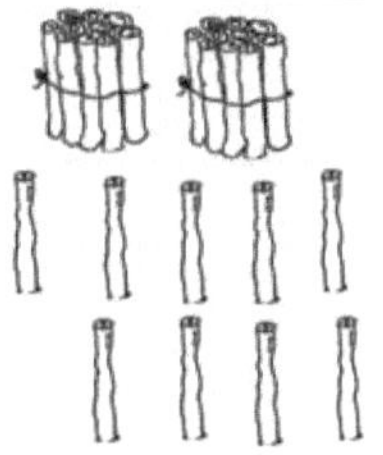

4. _____   _____

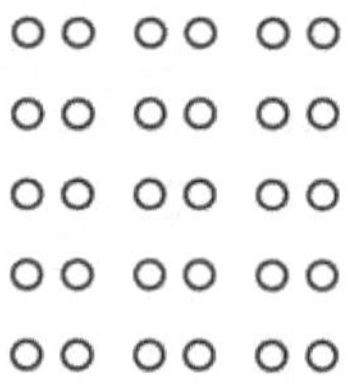

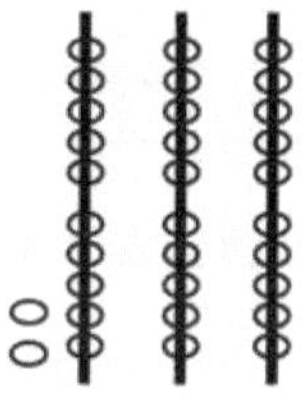

5. ارسم دائرة حول العدد الأكبر في كل زوج.

   أ. 1 عشرة 2 آحاد   3 عشرات 2 آحاد

   ب. 2 عشرات 8 آحاد   3 عشرات 2 آحاد

   ج. 19   15

   د. 31   26

6. ضع دائرة حول مجموعة العملات التي لها أكبر قيمة..

3 دايمات

3 بنسات

لكل زوج، اكتب عدد العناصر في كل مجموعة. ضع *دائرة حول المجموعة ذات العناصر الأقل.*

.7
______ ______

.8
______ ______

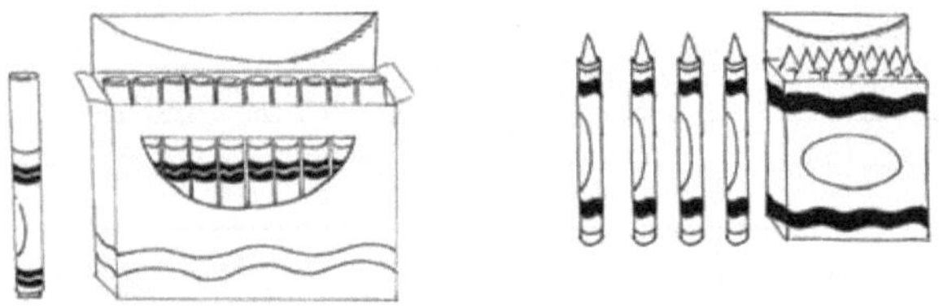

.9
______ ______

.10
______ ______

11. ضع *دائرة حول العدد الأقل في كل زوج.*

أ. 2 عشرات 5 آحاد   1 عشرة 5 آحاد

ب. 28 آحاد   3 عشرات 2 آحاد

ج. 18   13

د. 31   26

12. ضع *دائرة حول مجموعة العملات التي لها أقل قيمة.*

1 دايم و 2 بنسات

1 بنس 2 دايمات

13. ضع *دائرة حول المبلغ الأقل.* ارسم أو أكتب لتعرض كيف عرفتك.

32   17

الاسم _____ التاريخ _____

1. أكتب عدد الكائنات في كل مجموعة. بعد ذلك، ضع دائرة حول المجموعة ذات العدد الأكبر. أكتب عبارة لمقارنة المجموعتين.

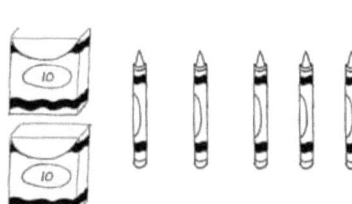 

_____   _____

_____ أكبر من _____ .

2. أكتب عدد الكائنات في كل مجموعة. بعد ذلك، ضع دائرة حول المجموعة ذات العدد الأصغر. قل عبارة لمقارنة المجموعتين.

 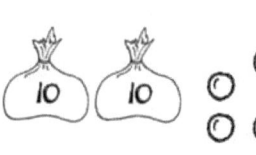

_____   _____

_____ أقل من _____ .

3. ضع دائرة حول مجموعة العملات التي لها أكبر قيمة.

4. ضع دائرة حول مجموعة العملات التي لها أقل قيمة.

اقرأ

جمع أنطون 25 حبة فراولة. ثم جمع المزيد من حبات الفراولة.

بعد ذلك، أصبح معه 35 حبة فراولة.

أ. استخدم مخطط قيمة مكانية لإظهار الزيادة في حبات الفراولة التي جمعها أنطون.

ب. أكتب جملة رقمية للمقارنة بين كميات الفراولة مستخدمًا واحدة من هذه العبارات: أكبر من أو أقل من أو يساوي.

ارسم

اكتب

_____

_____

_____

الاسم _____ التاريخ _____

بنك الكلمات:
| يكون أكبر من |
| يكون أصغر من |
| يساوي |

1. ارسم عشرات وآحاد سريعة لإظهار كل رقم.
عنون الرسم الأول أقل من (L)، أو أكبر من (G)، أو يساوي (E).
أكتب عبارة من بنك الكلمات لمقارنة الأعداد.

أ.

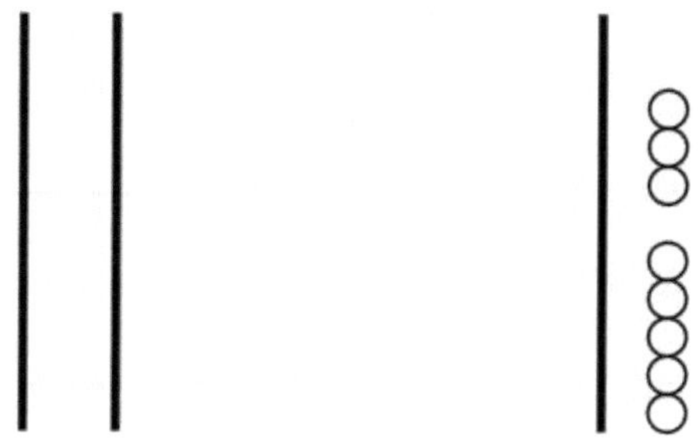

20 _____ 18

ب.

2 عشرات   3 عشرات

2 عشرات _____ 3 عشرات

ج.

24   15

24 _____ 15

د.

26   32

26 _____ 32

2. أكتب عبارة من بنك الكلمات لمقارنة الأعداد.

36 _____ 3 عشرات 6 آحاد

1 عشرات 8 آحاد _____ 3 عشرات 1 آحاد

26 ______________________ 38

27 ______________________1 عشرات 7 آحاد

1 عشرات 2 آحاد______________________ 15

28 ______________________ 30

32 ______________________ 29

3. رتب الأعداد *التالية* من *الأصغر إلى الأكبر*. اشطب كل رقم بعد استخدامه.

23	13	32	40	9

4. رتب الأعداد *التالية* من *الأكبر إلى الأصغر*. اشطب كل رقم بعد استخدامه.

23	13	32	40	9

5. استخدم الأرقام 8, 3, 2, و7 لتكوين 4 أرقام مختلفة مكونة من رقمين أقل من 40. *أكتب الأرقام بالترتيب من الأكبر إلى الأصغر*.

7	2	3	8

أمثلة : 32, 27,...

الاسم ______________________ التاريخ ____________

1. اكتب *الأرقام بالترتيب من الأكبر إلى الأصغر.*

	40	
39		29
	30	

____ ____ ____ ____

2. أكمل إطارات الجمل مستخدمًا العبارات من بنك الكلمات لمقارنة العددين.

بنك الكلمات

يكون أكبر من
يكون أصغر من
يساوي

أ. 17 ______________________ 24

ب. 23 ______________________ 2 عشرات 3 آحاد

ج. 29 ______________________ 20

اقرأ

لدى كارل مجموعة من الصخور. جمع 10 صخور زيادة. معه الآن 31 صخرة. كم عدد الصخور التي كانت معه في البداية؟

أ. استخدم مخطط القيمة المكانية لتظهر عدد الصخور التي كانت مع كارل في البداية.

ب. أكتب عبارة تقارن بين عدد الصخور مع كارل في البداية وعدد الصخور معه في النهاية، مستخدمًا واحدة من هذه العبارات: أكبر من أو أقل من أو يساوي.

ارسم

اكتب

___

___

___

الاسم ____________________ التاريخ ____________

1. *ارسم دائرة حول التمساح الذي يأكل العدد الأكبر.*

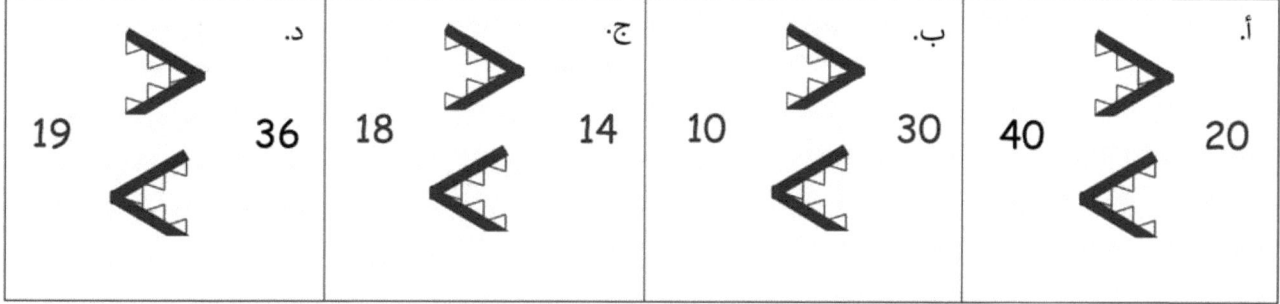

د.	ج.	ب.	أ.
19 > < 36	18 > < 14	10 > < 30	40 > < 20

2. *اكتب الأرقام في الفراغات حتى يتسنى للتمساح أكل العدد الأكبر.* مع شريك، *قارن الأعداد بصوت مرتفع، باستخدام أكبر من، أو أقل من أو يساوي.* تذكر البدء بالرقم من اليسار.

ج.	ب.	أ.
15 14	38 36	24 4
___ < ___	___ < ___	___ > ___

و.	هـ.	د.
20 19	36 35	20 2
___ > ___	___ < ___	___ > ___

ط.	ح.	ز.
21 12	23 32	31 13
___ < ___	___ < ___	___ > ___

3. *إذا كان التمساح يأكل العدد الأكبر*، ضع دائرة حوله. إذا لم يكن كذلك، أعد رسم التمساح.

أ.

20	>	19

ب.

32	<	23

4. *أكمل المخططات كي يتسنى للتمساح أكل الرقم الأكبر.*

أ.

عشرات	آحاد		عشرات	آحاد
1		<	1	2

ب.

عشرات	آحاد		عشرات	آحاد
2		<	2	7

ج.

عشرات	آحاد		عشرات	آحاد
	5	<	2	5

د.

عشرات	آحاد		عشرات	آحاد
3	8	>		8

هـ.

عشرات	آحاد		عشرات	آحاد
2		<	2	1

و.

عشرات	آحاد		عشرات	آحاد
	4	>	2	4

ز.

عشرات	آحاد		عشرات	آحاد
	5	<	1	8

ح.

عشرات	آحاد		عشرات	آحاد
	9	<	2	1

ط.

عشرات	آحاد		عشرات	آحاد
2	1	>		7

ي.

عشرات	آحاد		عشرات	آحاد
	4	<	1	4

الاسم ______________________ التاريخ ____________

اكتب الأرقام في الفراغات حتى يتسنى للتمساح أكل العدد الأكبر.
اقرأ الجملة الرقمية، باستخدام أكبر من، وأقل من أو يساوي. تذكر البدء بالرقم من اليسار.

أ. 12 10 ___ > ___	ب. 22 24 ___ < ___	ج. 17 25 ___ > ___
د. 13 3 ___ > ___	هـ. 27 28 ___ > ___	و. 30 21 ___ < ___
ز. 12 21 ___ > ___	ح. 31 13 ___ < ___	ط. 32 23 ___ < ___

اقرأ

إيلين ومايك يجمعان التوت البري.

كان مع إيلين 10 حبات وأكلت 10 منها. كان مع مايك 13 وجمع 7 أخرى. قارن بين التوت مع إلين ومايك بعد ما أكلته إلين من توتها وما جمعه مايك زيادة على توته.

أ. استخدم الصور والكلمات لتوضيح كم عدد حبات التوت البري مع كل منهما.

ب. ستخدم المصطلح أكبر من أو أقل من أو يساوي.

ارسم

اكتب

_____

_____

_____

الاسم ____________________ التاريخ ____________

1. استخدم الرموز للمقارنة بين الأعداد. املأ الفراغ برمز > أو < أو = لكي تصبح العبارة الرقمية صحيحة. اقرأ الجمل الرقمية من اليسار إلى اليمين.

40 20

40 (>) 20

40 أكبر من 20

18 20

18 (<) 20

18 أقل من 20

أ. 24 ◯ 27	ب. 28 ◯ 31	ج. 13 ◯ 10
د. 15 ◯ 13	هـ. 29 ◯ 31	و. 18 ◯ 38
ز. 17 ◯ 27	ح. 21 ◯ 32	ط. 21 ◯ 12

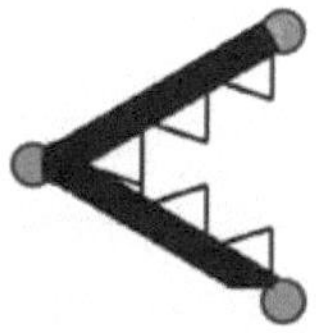

2. ضع دائرة حول الكلمات الصحيحة لكي يُصبح البيان صحيحًا. استخدم < أو > أو = والأعداد لكتابة جملة رقمية صحيحة. تم حل المسألة الأولى للتوضيح.

أ.
36 (يكون أكبر من / أقل من / **يساوي** [مُحاط بدائرة]) 3 عشرات 6 آحاد

36 = 36

ب.
1 عشرات 4 عشرات (يكون أكبر من / أقل من / يساوي) 17

____ ◯ ____

ج.
2 عشرات 4 آحاد (يكون أكبر من / أقل من / يساوي) 34

____ ◯ ____

د.
20 (يكون أكبر من / أقل من / يساوي) 2 عشرات 0 آحاد

____ ◯ ____

هـ.
31 (يكون أكبر من / أقل من / يساوي) 13

____ ◯ ____

و.
12 (يكون أكبر من / أقل من / يساوي) 21

____ ◯ ____

ز.
17 (يكون أكبر من / أقل من / يساوي) 3 آحاد 1 عشرات

____ ◯ ____

ح.
30 (يكون أكبر من / أقل من / يساوي) 0 عشرات 30 آحاد

____ ◯ ____

الاسم _____ التاريخ _____

ضع دائرة حول الكلمات الصحيحة لكي يُصبح البيان صحيحًا. استخدم < أو > أو = والأعداد لكتابة جملة رقمية صحيحة.

أ.

29 [يكون أكبر من / أقل من / يساوي] 2 عشرات 6 آحاد

____ ◯ ____

ب.

1 عشرات 8 آحاد [يكون أكبر من / أقل من / يساوي] 19

____ ◯ ____

ج.

2 عشرات 9 آحاد [يكون أكبر من / أقل من / يساوي] 40

____ ◯ ____

د.

39 [يكون أكبر من / أقل من / يساوي] 4 عشرات 0 آحاد

____ ◯ ____

اقرأ

مع شارون 3 دايمات و 1 بنس. مع مايا 1 دايم و 3 بنسات. من معه المبلغ الأكبر قيمة؟

ارسم

اكتب

_____

_____

_____

الاسم _____ التاريخ _____

أكمل الروابط والجمل الرقمية لمطابقة الصورة. تم حل المسألة الأولى للتوضيح.

1.

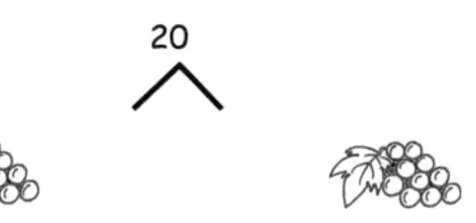

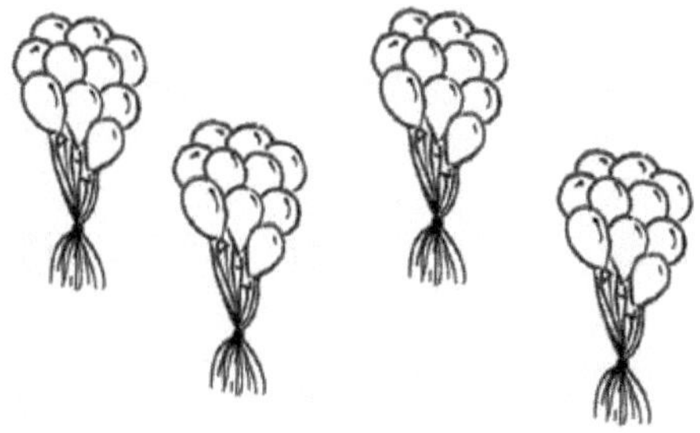

3 عشرات + 1 عشرة = 4 عشرات
40 = 10 + 30

2.

_____ عشرة + _____ عشرة = _____ عشرات

_____

3.

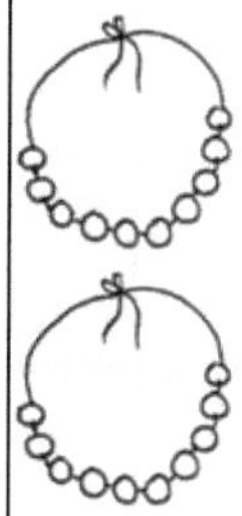

_____ عشرات = _____ عشرات + _____ عشرات

_____

4.

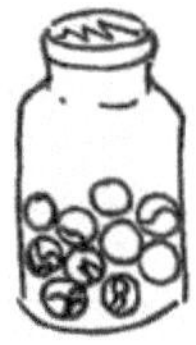

_____ عشرات = _____ عشرات + _____ عشرة

_____

.5

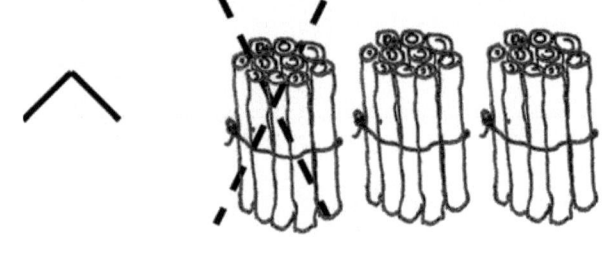

____ عشرات - ____ عشرة = ____ عشرات

____

.6

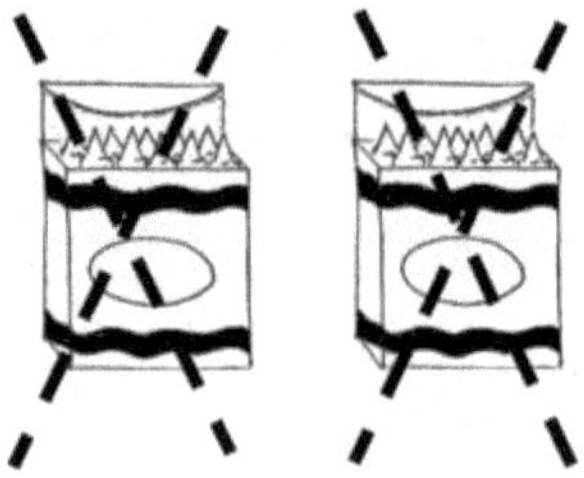

____ عشرات - ____ عشرات = ____ عشرات

____

.7

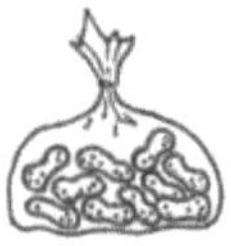

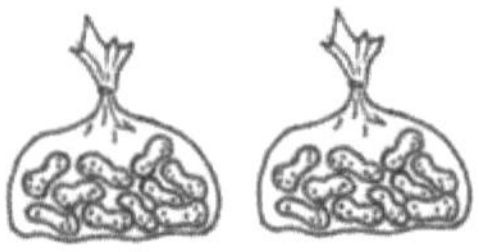

____ عشرات + ____ عشرة = ____ عشرات

____

.8

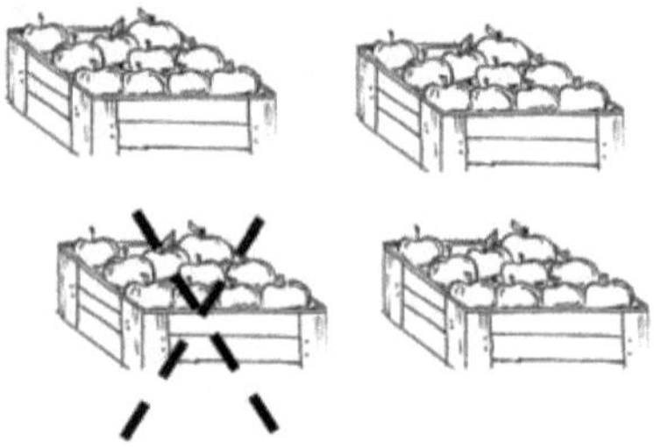

____ عشرات - ____ عشرة = ____ عشرات

____ + ______________________

.9

____ عشرات - ____ عشرات = ____ عشرة

____

.10

____ عشرة - ____ عشرات = ____ عشرة

____

72 الدرس 11: اجمع واطرح العشرات من مضاعفات الرقم 10.

EUREKA MATH

11. املأ الأرقام الناقصة. طابق حقائق الجمع والطرح ذات الصلة.

أ. 4 عشرات - 2 عشرات= ______ 2 عشرات + 1 عشرة= 3 عشرات

ب. 40 - 30 = ______ 30 + 10 = 40

ج. 30 - 20 = ______ 20 + 20 = 40

12. املأ الأرقام الناقصة.

أ. 20 + 20 = ______ ب. 30 - 20 = ______ ج. 10 + ______ = 40

د. 20 - ______ = 0 هـ. 40 - ______ = 10 و. ______ + ______ = 30

الاسم _____ التاريخ _____

أكمل الروابط والجمل الرقمية.

1.
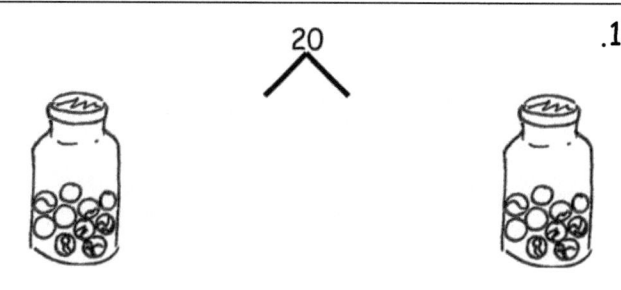
1 عشرة + 1 عشرة = _____ عشرات

_____ + _____ = _____

2.
_____ عشرات = _____ عشرات + _____ عشرة 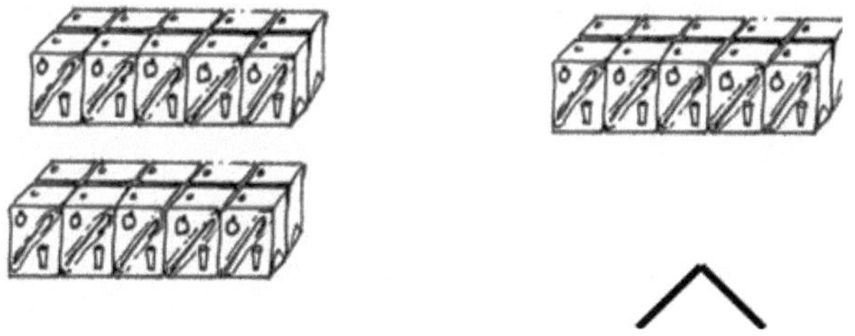

_____ + _____ = _____

3.
_____ عشرات = _____ عشرة − _____ عشرات

_____ − _____ = _____

4.
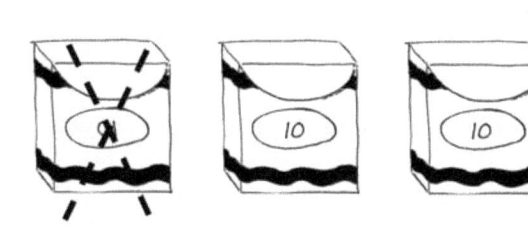
_____ عشرات − _____ عشرات = _____ عشرات

_____ − _____ = _____

4•1 الدرس 11 تذكرة الخروج

____ ◯ ____ ◯ ____

____ عشرات ◯ ____ عشرات ◯ ____ عشرات

____ ◯ ____ ◯ ____

مجموعة روابط/جمل رقمية

الدرس 11: اجمع واطرح العشرات من مضاعفات الرقم 10.

اقرأ

مع توماس صندوق من مشابك الورق. استخدم 10 منها لقياس طول كتابه الكبير. ما يزال معه 20 مشبك ورق في الصندوق. استخدم طريقة الأسهم لتظهر كم مشبك ورق كانت معه في الصندوق في بداية الأمر.

ارسم

اكتب

_____

_____

_____

الاسم ______________________ التاريخ ____________

املأ الأرقام الناقصة لمطابقة الصورة. اكتب الرابط الرقمي المناسب.

.1

32

20 12

$20 + 12 =$ ________

.2

$15 +$ ______ $=$ ______

.3

______ $+$ ______ $=$ ______

.4

______ $+$ ______ $=$ ______

ارسم عشرات سريعة وآحاد. أكمل الرابط الرقمي واكتب المبلغ في مخطط القيمة المكانية والجملة الرقمية.

.5 $19 + 10 =$ ______

عشرات	آحاد

.6 $20 + 14 =$ ______

عشرات	آحاد

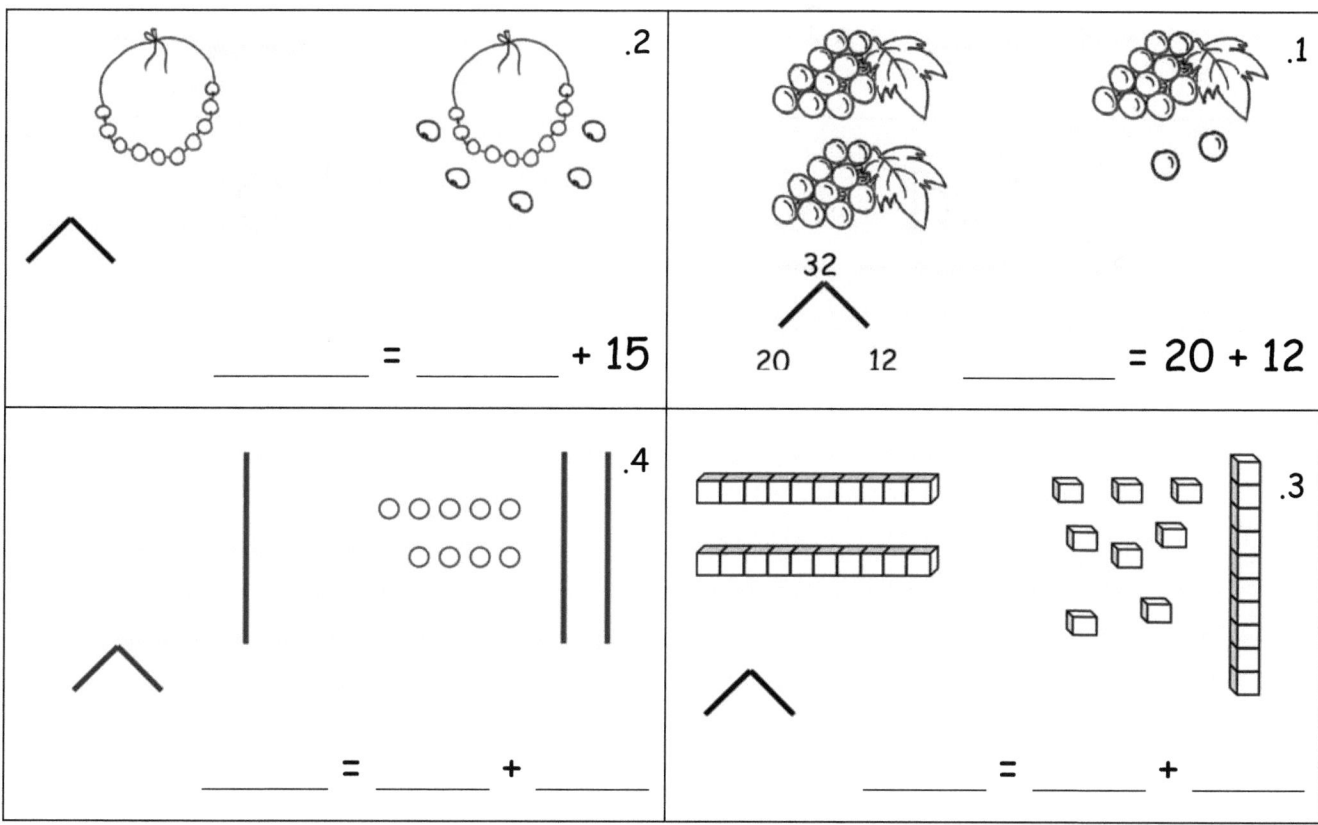

استخدم تدوين أسهم للحل.

.7

13 ← +10 ← ____

.8

19 ← + ____ ← 39

.9

____ ← +10 ← 26

.10

____ ← +20 ← 38

استخدم الدايمات والبنسات لإكمال مخططات القيمة المكانية والجمل الرقمية.

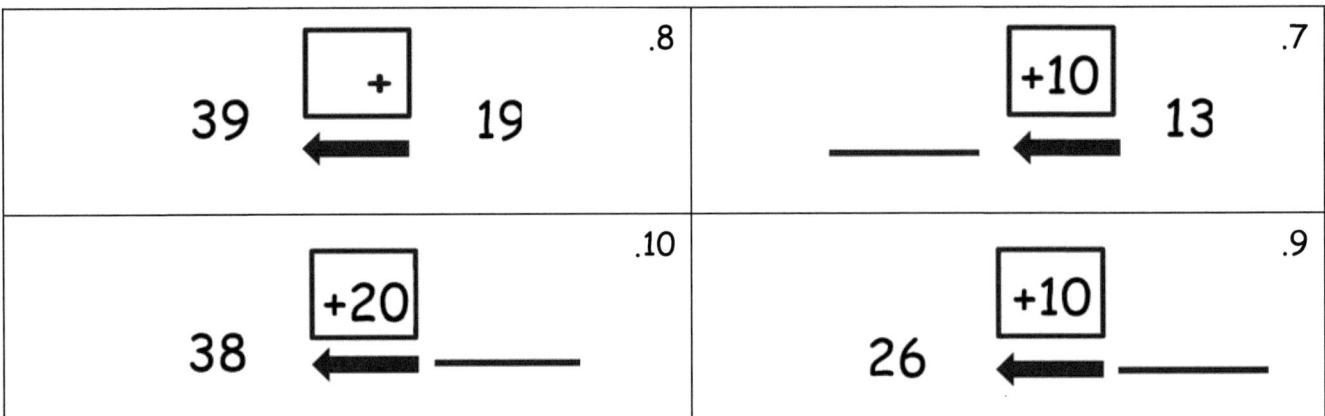

.11

آحاد	عشرات

\+

آحاد	عشرات

=

آحاد	عشرات

.12

آحاد	عشرات

\+

آحاد	عشرات

=

آحاد	عشرات

الاسم _____ التاريخ _____

أكمل الجمل الرقمية. استخدم العشرات السريعة أو طريقة الأسهم أو العملات لإظهار طريقة تفكيرك.

10 + 28 = _____

19 ←[+ ☐] 39

20 + 14 = _____

_____ ←[+10] 26

استخدم المكعبات بنما تستخدم أسلوب اقرأ وارسم واكتب (RDW) لحل المسائل.

اقرأ

أ. لدى إيمي قطار من المكعبات به 4 مكعبات زرقاء و 2 مكعبات حمراء. كم مكعبًا في قطارها؟

ب. صنعت إيمي قطارًا آخر به 6 مكعبات صفراء وبعض المكعبات الخضراء. تم صنع القطار من 9 مكعبات.

كم عدد المكعبات الخضراء التي استخدمتها؟

ج. تريد إيمي تحويل قطارها من 9 مكعبات إلى 15 مكعب. كم عدد المكعبات التي تحتاجها إيمي؟

ارسم

اكتب

_____

_____

_____

الاسم ______________________ التاريخ ______________

استخدم الصور لإكمال مخطط القيمة المكانية والجملة الرقمية. بالنسبة للمسائل 5 و 6، استخدم رسم العشرة السريعة لمساعدتك في الحل.

.1

عشرات	آحاد

$______ = 6 + 22$

.2

عشرات	آحاد

$______ = 3 + ______$

.3

عشرات	آحاد

$______ = ______ + 12$

.4

عشرات	آحاد

$______ = ______ + ______$

.5

عشرات	آحاد

$______ = 6 + 24$

.6

عشرات	آحاد

$______ = 3 + 24$

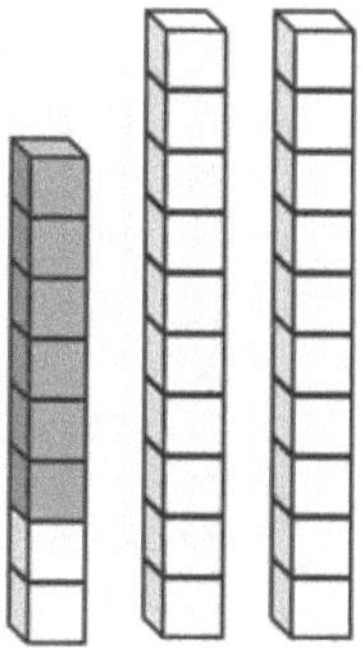

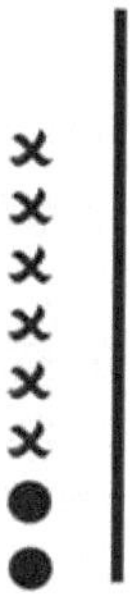

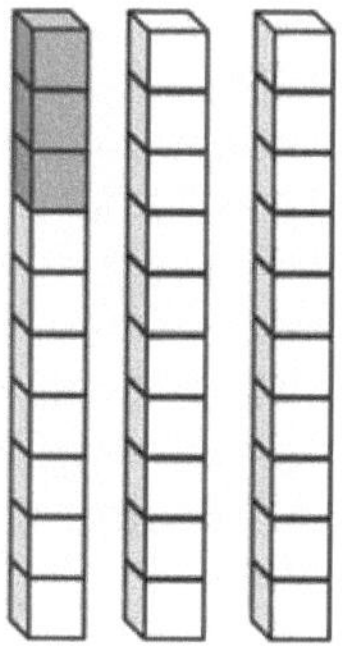

ارسم عشرات وآحاد سريعة وروابط رقمية للحل. أكمل مخطط القيمة المكانية.

.7

$______ = 9 + 21$

عشرات	آحاد

.8

$______ = 7 + 21$

عشرات	آحاد

.9

$______ = 7 + 13$

عشرات	آحاد

.10

$______ = 4 + 26$

عشرات	آحاد

.11

$______ = 3 + 32$

عشرات	آحاد

.12

$______ = 2 + 38$

عشرات	آحاد

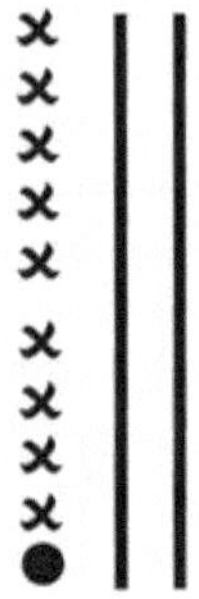

الاسم ______________________ التاريخ ____________

أكمل مخطط القيمة المكانية واكتب جملة رقمية لمطابقة الصورة.

.1

آحاد	عشرات

______ + ______ = ______

.2

آحاد	عشرات

______ + ______ = ______

ارسم عشرات وآحاد سريعة وروابط رقمية للحل. أكمل مخطط القيمة المكانية.

.3

$33 + 6 =$ ______

آحاد	عشرات

.4

$23 + 7 =$ ______

آحاد	عشرات

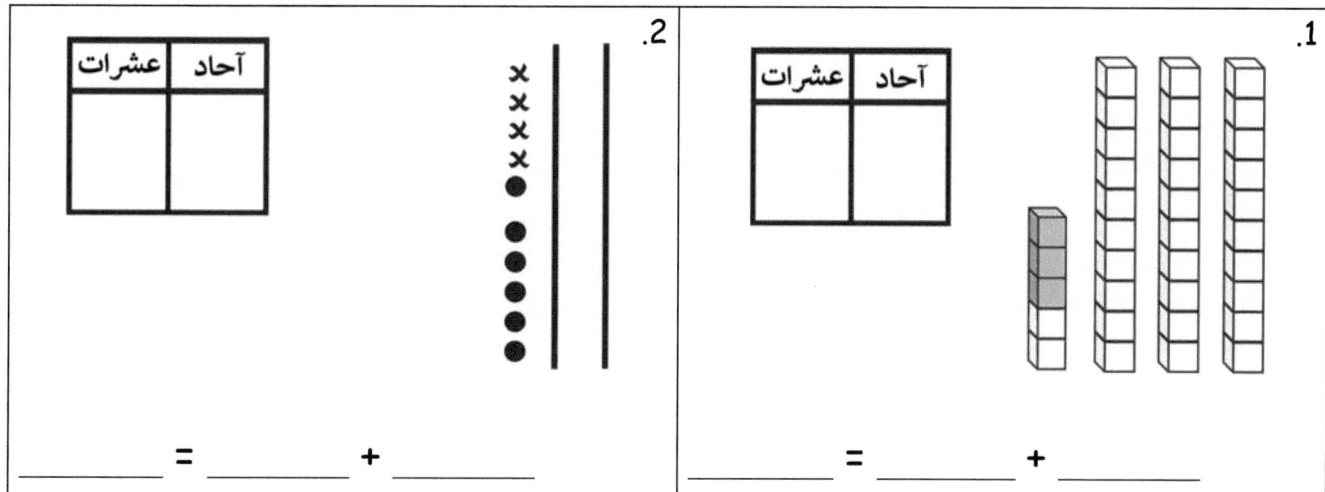

استخدم المكعبات وأسلوب اقرأ وارسم واكتب (RDW) لحل المسائل.

اقرأ

أ. لدى إيمي قطار من المكعبات به 7 مكعبات. أضافت 4 مكعبات إلى القطار. كم عدد المكعبات في قطار مكعباتها؟

ب. صنعت إيمي قطارًا آخر من المكعبات.
بدأت بـ 7 مكعبات وأضافت المزيد من المكعبات حتى أصبح طول قطارها 9 مكعبات.

كم عدد المكعبات التي أضافتها إيمي؟

ج. صنعت إيمي قطارًا آخر من المكعبات. تم صنع القطار من 8 مكعبات.

أزالت بعض المكعبات، واصبح قطارها يتكون من 4 مكعبات. كم عدد المكعبات التي أزالتها إيمي؟

قصة الوحدات الدرس 14 مسائل تطبيقية 1●4

ارسم

اكتب

الدرس 14: استخدم طريقة العد واستراتيجية تكوين الرقم 10 عند الجمع بعشرة.

92

الاسم ______________________ التاريخ ______________

استخدم الصور، أو ارسم عشرات وآحاد سريعة. أكمل الجملة الرقمية ومخطط القيمة المكانية.

.1 $1 + 18 =$ ______

عشرات	آحاد

.2 $2 + 18 =$ ______

عشرات	آحاد

.3 $5 + 18 =$ ______

عشرات	آحاد

.4 $1 + 29 =$ ______

عشرات	آحاد

.5 $3 + 29 =$ ______

عشرات	آحاد

.6 $6 + 29 =$ ______

عشرات	آحاد

.7 $4 + 16 =$ ______

عشرات	آحاد

.8 $6 + 16 =$ ______

عشرات	آحاد

.9 $6 + 26 =$ ______

عشرات	آحاد

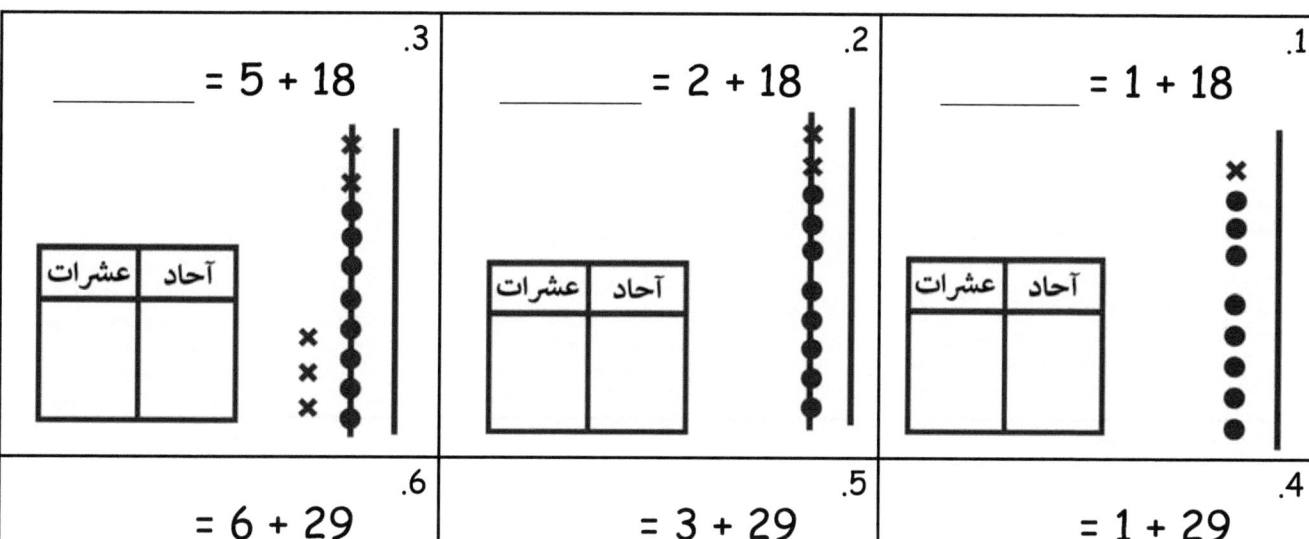

أنشيء الرابط الرقمي للحل. اعرض فكرتك مع الجمل الرقمية أو طريقة الأسهم. أكمل مخطط القيمة المكانية.

.10 $17 + 2 =$ ______

آحاد	عشرات

.11 $17 + 5 =$ ______

آحاد	عشرات

.12 $25 + 4 =$ ______

آحاد	عشرات

.13 $25 + 6 =$ ______

آحاد	عشرات

.14 $34 + 4 =$ ______

آحاد	عشرات

.15 $34 + 8 =$ ______

آحاد	عشرات

الاسم _____ التاريخ _____

ارسم آحاد وعشرات سريعة. أكمل الجملة الرقمية ومخطط القيمة المكانية.

1. 17 + 1 = _____

عشرات	آحاد

2. 17 + 3 = _____

عشرات	آحاد

3. 17 + 6 = _____

عشرات	آحاد

أنشيء الرابط الرقمي للحل. اعرض فكرتك مع الجمل الرقمية أو طريقة الأسهم. أكمل مخطط القيمة المكانية.

4. 32 + 7 = _____

عشرات	آحاد

5. 26 + 9 = _____

عشرات	آحاد

استخدم أسلوب اقرأ وارسم واكتب (RDW) لحل مسألة أو أكثر من المسائل.

اقرأ

أ. لدى إيمي قطار من المكعبات به 6 مكعبات. أضافت 3 مكعبات إلى القطار. كم عدد المكعبات في قطار مكعباتها؟

ب. صنعت إيمي قطارًا آخر من المكعبات. بدأت بـ 7 مكعبات وأضافت المزيد من المكعبات حتى أصبح طول قطارها 12 مكعبًا. كم عدد المكعبات التي أضافتها إيمي؟

ج. صنعت إيمي قطارًا آخر من المكعبات. تم صنع القطار من 12 مكعبا. أزالت بعض المكعبات، واصبح طول قطارها 4 مكعبات. كم عدد المكعبات التي أزالتها إيمي؟

ارسم

اكتب

_____

_____

_____

قصة الوحدات | الدرس 15 مجموعة مسائل | 1•4

الاسم _____ التاريخ _____

حل المسائل.

1.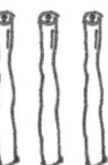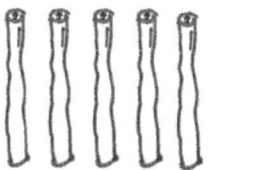
   ____ = 3 + 5

2.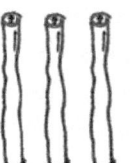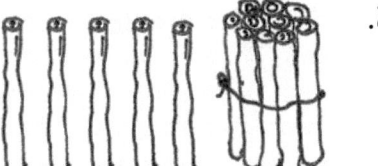
   ____ = 3 + 15

3.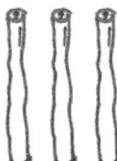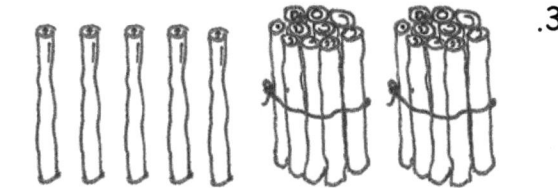
   ____ = 3 + 25

4.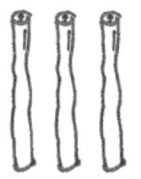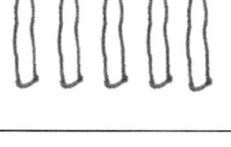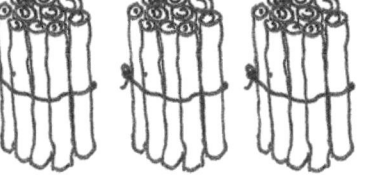
   ____ = 3 + 35

5.
   ____ = 4 + 8

6.
   ____ = 4 + 18

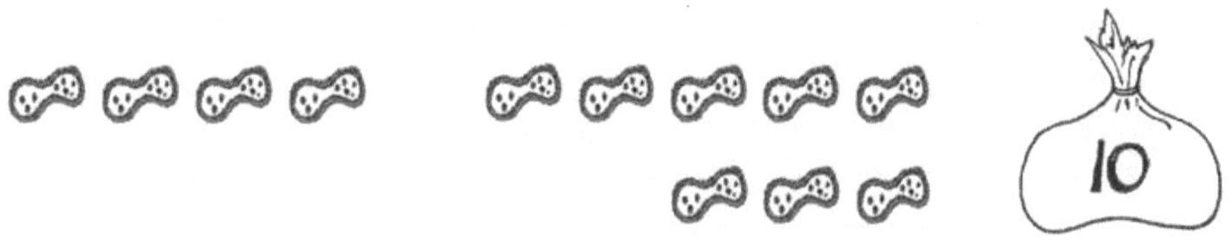

7.
   ____ = 4 + 28

8. حل المسائل.

أ. ___ = 2 + 6	ب. ___ = 2 + 16	ج. ___ = 2 + 26	د. ___ = 2 + 36
هـ. ___ = 4 + 6	و. ___ = 4 + 16	ز. ___ = 4 + 26	ح. ___ = 4 + 36
ط. ___ = 2 + 9	ي. ___ = 2 + 19	ك. ___ = 2 + 29	
ل. ___ = 6 + 8	م. ___ = 6 + 18	ن. ___ = 6 + 28	

حل المسائل. اعرض جملة الإضافة المكونة من رقم واحد التي ساعدتك في الحل.

9. ___ = 6 + 23   _____

10. ___ = 6 + 27   _____

الاسم ____________________ التاريخ ______________

1. حل المسائل.

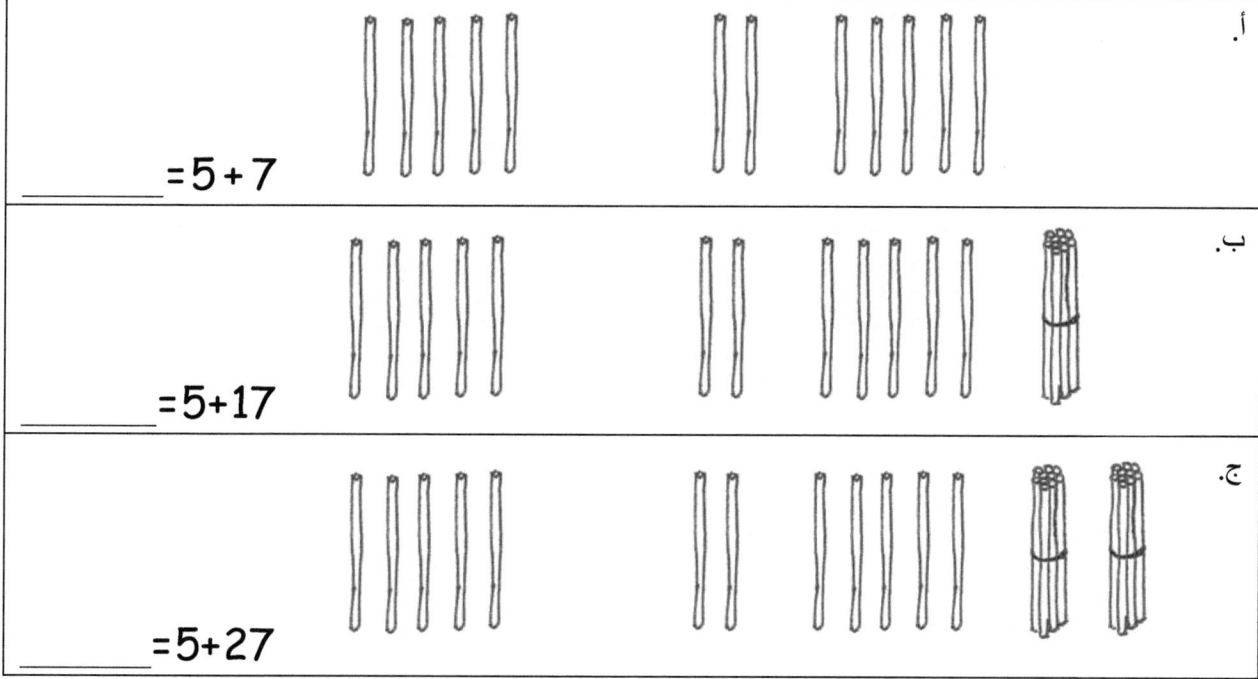

أ.

$_____ = 5 + 7$

ب.

$_____ = 5 + 17$

ج.

$_____ = 5 + 27$

حل المسائل.

2. أ. $3 + 5 = _____$

ب. $3 + 15 = _____$

ج. $3 + 25 = _____$

د. $3 + 35 = _____$

3. أ. $8 + 5 = _____$

ب. $8 + 15 = _____$

ج. $8 + 25 = _____$

استخدم أسلوب اقرأ وارسم واكتب (RDW) لحل المسائل مستخدمًا المكعبات.

اقرأ

أ. لدى إيمي قطار من المكعبات به 14 مكعب أزرق و 2 مكعبات حمراء. كم مكعبًا في قطارها؟

ب. صنعت إيمي قطارًا آخر به 16 مكعبًا أصفر وبعض المكعبات الخضراء. تم صنع القطار من 19 مكعبًا.

كم عدد المكعبات الخضراء التي استخدمتها؟

ج. تريد إيمي تحويل قطارها من 8 مكعبات إلى 16 مكعب. كم عدد المكعبات التي تحتاجها إيمي؟

ارسم

اكتب

_____

_____

_____

الاسم ______________________ التاريخ ____________

ارسم عشرات سريعة وآحاد لمساعدتك في حل مسائل الجمع.

.2 ____ = 3 + 17	.1 ____ = 3 + 16
.4 ____ = 8 + 31	.3 ____ = 20 + 18
.6 ____ = 30 + 6	.5 ____ = 14 + 3
.8 ____ = 3 + 17	.7 ____ = 7 + 23

بالتعاون مع شريك، جرب حل المزيد من المسائل باستخدام رسومات العشرة السريعة أو الروابط الرقمية أو طريقة الأسهم.

9. 32 + 7 = _____

10. 13 + 20 = _____

11. 6 + 34 = _____

12. 4 + 36 = _____

13. 20 + 18 = _____

14. 14 + 20 = _____

15. ارسم دايمات وبنسات لمساعدتك في حل مسائل الجمع.

أ. 16 + 20 = _____

ب. 22 + 7 = _____

الاسم ______________________ التاريخ ______________

حل باستخدام رسومات العشرة السريعة لإظهار عملك.

1. 5 + 24

2. 20 + 14

ارسم رابطة رقمية للحل.

3. 20 + 19

4. 3 + 36

5. ارسم دايمات وبنسات لمساعدتك في حل مسائل الجمع.

20 + 13

استخدم أسلوب اقرأ وارسم واكتب (RDW) لحل مسألة أو أكثر من المسائل.

اقرأ

أ. لدى بن 7 سمكات. اشترى 4 سمكات من المتجر. كم عدد الأسماك لدى بن؟

ب. كان لدى ماريا 4 سمكات في حوض أسماكها هذا الصباح. اشترت مزيدًا من السمك، والآن أصبح معها 9. كم عدد الأسماك التي اشترتها؟

ج. لدى أنطون 8 سمكات. بعض السمك مات، وأصبح لدى أنطون 4 سمكات. كم عدد الأسماك التي ماتت؟

ارسم

قصة الوحدات   الدرس 17 مسائل تطبيقية 4•1

اكتب

_____

_____

_____

الدرس 17:   اجمع الآحاد على الآحاد أو العشرات على العشرات.

قصة الوحدات الدرس 17 مجموعة مسائل 1•4

الاسم _____ التاريخ _____

حل المسائل مستخدمًا رسم الآحاد والعشرات السريعة أو رابطة رقمية.

1. _____ = 1 + 25	2. _____ = 10 + 25
3. _____ = 4 + 15	4. _____ = 20 + 15
5. _____ = 7 + 16	6. _____ = 7 + 26
7. _____ = 7 + 23	8. _____ = 7 + 33

الدرس 17: اجمع الآحاد على الآحاد أو العشرات على العشرات.

111

.9 $20 + 16 =$ ______	.10 $24 + 6 =$ ______

11. جرب المزيد من المسائل مع شريك. استخدم سبورتك البيضاء الشخصية لمساعدتك على الحل.

أ. $26 + 4$ ب. $4 + 28$

ج. $7 + 32$ د. $18 + 20$

هـ. $23 + 9$ و. $27 + 9$

اختر مسألة قمت بحلها عن طريق رسم العشرات السريعة واستعد للمناقشة.

اختر مسألة قمت بحلها باستخدام الرابطة الرقمية واستعد للمناقشة.

الاسم ______________________________ التاريخ ____________

أوجد الإجمالي مستخدمًا رسومات العشرات السريعة أو الروابط الرقمية.

.1 $17 + 8 =$ ______	.2 $28 + 7 =$ ______
.3 $24 + 10 =$ ______	.4 $19 + 20 =$ ______

الدرس 17: اجمع الآحاد على الآحاد أو العشرات على العشرات.

استخدم أسلوب اقرأ وارسم واكتب (RDW) لحل مسألة أو كلتا المسألتين.

اقرأ

أ. بعض البطات كانت تسبح في البركة. انضمت إليهم 4 بطات صغيرة. الآن، يوجد 6 بطات في البركة. كم عدد البط في البركة في البداية؟

ب. كانت هناك بعض الضفادع في البحيرة. ثلاثة منها قفزت خارجها، والآن يوجد 5 ضفادع في البحيرة. كم عدد الضفادع التي كانت في البحيرة في البداية؟

ارسم

اكتب

_____

_____

_____

الاسم _____ التاريخ _____

1. كل حل من الحلول ينقصه أعداد أو أجزاء من الرسم. صحح كل حل منها بحيث يكون دقيق وكامل.

21 = 8 + 13

أ.   ب. 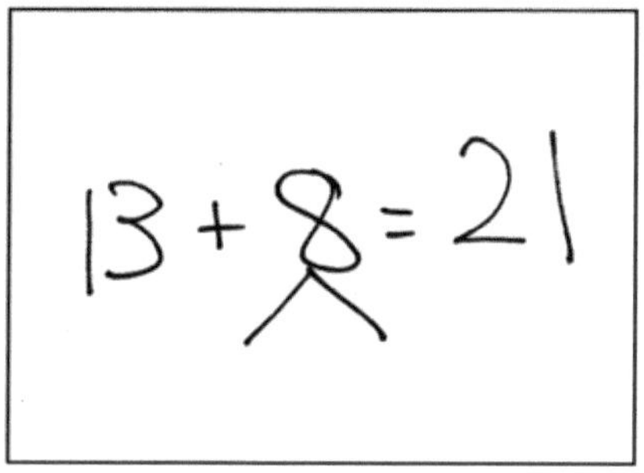   ج.

13 → 20 → 21   13 + 8 = 21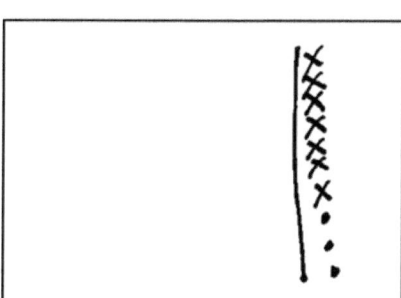

2. ضع دائرة حول عمل الطالب الذي يقدم الحل الصحيح لمسألة الجمع.

5 + 16

أ.   ب. 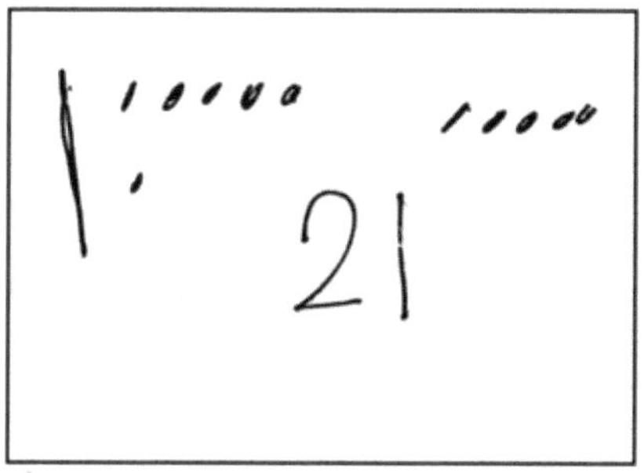   ج.

16 + 5 = 21
   ↙ ↘
  4   1
16 + 4 = 20
20 + 1 = 21

| 21 |

16 +3→ 20 +2→ 22

د. صحح العمل الغير صحيح بعمل جديد في المساحة الخالية أسفله مع الجملة الرقمية المطابقة.

3. ضع دائرة حول عمل الطالب الذي يقدم الحل الصحيح لمسألة الجمع.

$$20 + 13$$

أ.

ب.

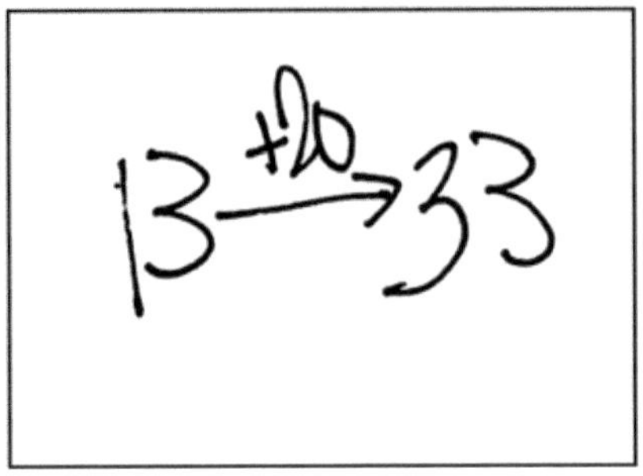

ج.

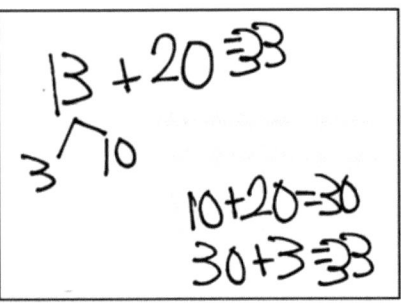

د. قم بإصلاح العمل الذي كان غير صحيح عن طريق عمل رسم جديد في المساحة أدناه مع جملة رقم مطابقة.

4. حل باستخدام العشرات السريعة أو الروابط الرقمية أو طريقة الأسهم.

$$____ = 5 + 17$$

شارك مع صديق. ناقش سبب اختيارك الحل بهذه الطريقة.

118 الدرس 18: شارك وانقد استراتيجيات الأقران لإضافة أعداد مكونة من رقمين.

الاسم _____ التاريخ _____

ضع دائرة حول العمل الذي يقدم الحل الصحيح لمسألة الجمع.

9 + 17

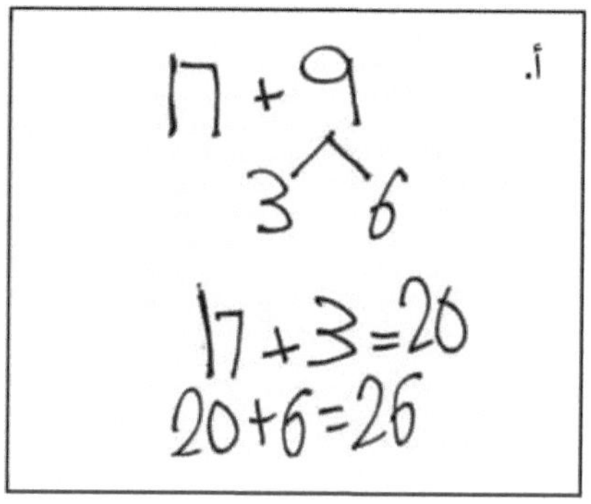

أ.
17 + 9
3 ∧ 6
17 + 3 = 20
20 + 6 = 26

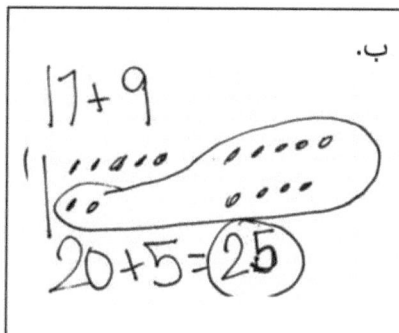
ب.

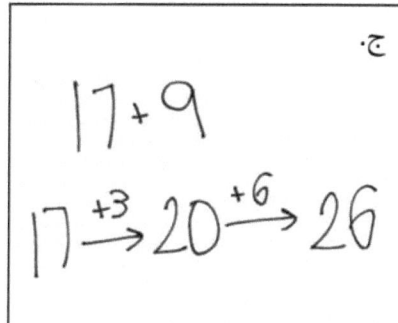
ج.

د. قم بإصلاح العمل الذي كان غير صحيح عن طريق عمل رسم جديد في المساحة أدناه مع جملة رقم مطابقة.

الاسم _____ التاريخ _____

اقرأ المسألة الكلامية.
ارسم الرسم البياني الشريطي وعنونه.
اكتب الجملة الرقمية والبيان التي تطابق القصة.

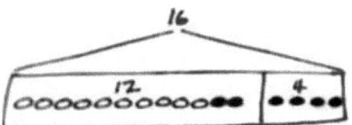

1. رأى لي 6 كوسات و 7 يقطينات تنمو في حديقته. كم عدد الخضروات التي رآها تنمو في حديقته؟

رأى لي _____ الخضروات.

2. أمسكت كيانا 6 سحليات. أمسك شقيقها 6 ثعابين. كم عدد الزواحف التي لديهما معًا؟

مع كيانا وشقيقها _____ زواحف.

3. يضم فريق أنطون 12 كرة قدم في الملعب و 3 كرات قدم في حقيبة المدرب. كم عدد كرات القدم مع فريق أنطون؟

مع فريق أنطون _____ كرات قدم.

4. عزمت إيمي 13 صديقًا لتناول العشاء. جاء 4 أصدقاء آخرين لتناول الكعك معهم. كم عدد الأصدقاء الذين أتو إلى منزل إيما؟

كان هناك _____ صديقًا.

5. 6 بالغين و 12 طفل كانوا يسبحون في البحيرة. كم عدد الأشخاص الذين كانوا يسبحون في البحيرة؟

كان هناك _____ شخصًا يسبحون في البحيرة.

6. روز لديها مزهرية بها 13 زهرة. وضعت 7 زهرات أخرى في المزهرية. كم عدد الزهرات في المزهرية؟

يوجد _____ زهرات في المزهرية.

الاسم ______________________ التاريخ ____________

اقرأ المسألة الكلامية.
ارسم الرسم البياني الشريطي وعنونه.
اكتب الجملة الرقمية والبيان التي تطابق القصة.

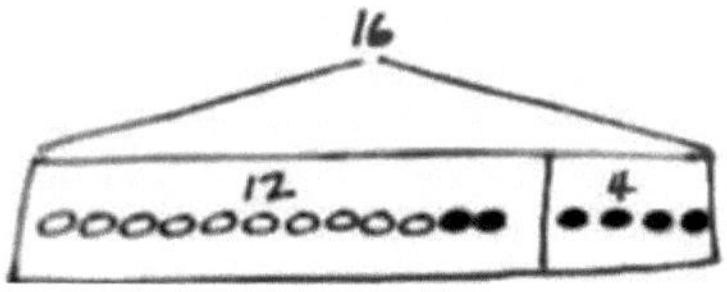

عد بيتر 14 دعسوقة في الحديقة، وعد لي 6 دعسوقات خارج الحديقة. كم إجمالي عدد الدعسوقات التي عدوها معاً؟

قامو بعد ____________ دعسوقة.

الاسم _____ التاريخ _____

اقرأ المسألة الكلامية.
ارسم الرسم البياني الشريطي وعنونه.
اكتب الجملة الرقمية والبيان التي تطابق القصة.

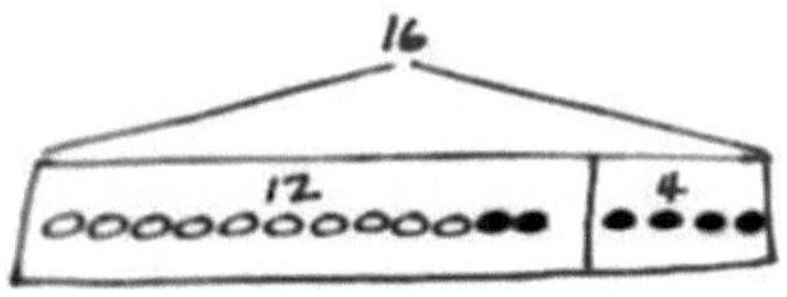

1. يوجد 9 كلاب تلعب في الحديقة. جاء المزيد من الكلاب إلى الحديقة. أصبح الآن 11 كلبًا. كم عدد الكلاب التي جاءت إلى الحديقة؟

_____ كلاب زيادة جاءت إلى الحديقة.

2. 16 حبة فراولة موجودة في السلة لبيتر وخوليو. أكل بيتر 8 منها. كم بقي لخوليو ليأكله؟

خوليو لديه _____ حبات فراولة ليأكلها.

3. يوجد 13 طفل على سفينة الملاهي الدوارة. يوجد 3 بالغين على سفينة الملاهي الدوارة. كم إجمالي عدد الأشخاص الموجودين على سفينة الملاهي الدوارة؟

يوجد _____ شخص على سفينة الملاهي الدوارة.

4. يوجد 13 شخص على سفينة الملاهي الدوارة الآن. يوجد 3 بالغين على سفينة الملاهي الدوارة، والباقي أطفال. كم طفلا على سفينة الملاهي الدوارة؟

يوجد _____ طفلاً على سفينة الملاهي الدوارة.

5. لدى بن 6 تمارين كرة بيسبول في الصباح هذا الشهر. إذا كان لدى بن 6 تمارين مسائية أيضًا، كم عدد تمارين البيسبول لدى بن؟

لدى بن _____ تمرين بيسبول.

6. يوجد بعض الخرزات الصفراء في سوار تمارا. بعد أن وضعت 14 خرزة أرجوانية في السوار، أصبح هناك 18 خرزة. كم عدد الخرزات الصفراء التي كانت في سوار تامارا في البداية؟

سوار تامارا به _____ خرزة صفراء.

الاسم _____ التاريخ _____

اقرأ المسألة الكلامية.
ارسم الرسم البياني الشريطي وعنونه.
اكتب الجملة الرقمية والبيان التي تطابق القصة.

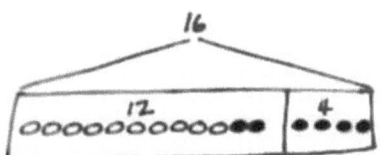

يوجد 6 سلاحف في الخزان. اشترى الوالد المزيد من السلاحف. الآن، اصبح هناك 12 سلحفاة. كم سلحفاة اشترى الوالد؟

اشترى الوالد _____ سلحفاة.

الاسم _____ التاريخ _____

اقرأ المسألة الكلامية.
ارسم الرسم البياني الشريطي وعنونه.
اكتب الجملة الرقمية والبيان التي تطابق القصة.

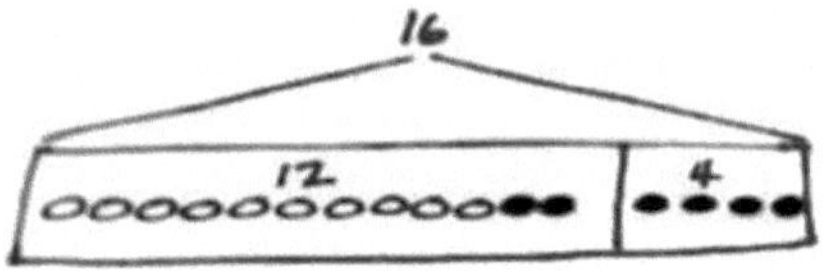

1. رسمت روز 7 صور، ورسم ويلي 11 صورة. كم إجمالي عدد الصور التي رسماها؟

رسما _____ صورة.

2. مشى دارنيل 7 دقائق إلى منزل لي. بعد ذلك، مشى إلى الحديقة. مشى دارنيل ما مجموعه 18 دقيقة. كم دقيقة مشاها دارنيل ليصل إلى الحديقة؟

استغرق دارنيل _____ دقيقة للوصول إلى الحديقة.

3. لدى إيمي بعض الأسماك الذهبية. لدى تمارا 14 سمكة بيتا. مع تامارا وإيمي ما مجموعه 19 سمكة. كم سمكة ذهبية مع إيمي؟

مع إيمي _____ سمكة ذهبية.

4. بنت شانيكا برجًا من المكعبات باستخدام 14 مكعبًا. ثم أضافت 4 مكعبات أخرى إلى البرج. كم إجمالي عدد المكعبات في البرج الآن؟

البرج به ____________ مكعبات.

5. طول برج نيكي 15 مكعبًا. ثم أضافت بعض المكعبات الأخرى إلى برجها. يبلغ طول برجها الآن 18 مكعبًا. كم عدد المكعبات التي أضافتها نيكيل؟

أضافت نيكل ____________ مكعبًا.

6. أمسك بين وبيتر 17 ضفدع صغير. أعطا بعض منها إلى أنطون. متبقي معهم 4 ضفادع صغيرة. كم ضفدعًا صغيرًا أعطاها إلى أنطون؟

أعطا أنطون ____________ ضفدع صغير.

الاسم ______________________________ التاريخ ______________

اقرأ المسألة الكلامية.

ارسم الرسم البياني الشريطي وعنونه.

اكتب الجملة الرقمية والبيان التي تطابق القصة.

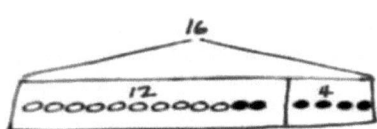

قرأت شانيكا بعض الصفحات يوم الإثنين. يوم الثلاثاء، قرأت 6 صفحات. قرأت 13 صفحة خلال اليومين. كم صفحة قرأت يوم الإثنين؟

قرأت شانيكا ____________ صفحات يوم الإثنين.

EUREKA MATH

الاسم ____________________ التاريخ __________

استخدم الرسوم البيانية الشرطية لكتابة مجموعة متنوعة من المسائل اللفظية. استخدم بنك الكلمات إذا تطلب الأمر. تذكر عنوّنة نموذجك بعد كتابتك للقصة.

الموضوعات (الأسماء)		
زهور	سمكة ذهبية	سحلية
ملصقات	صواريخ	سيارات
ضفادع	بسكويت	كرات بلي

الأفعال (الأفعال)		
خبيء	كل	اذهب بعيدًا
أعط	ارسم	احصل
اجمع	ابن	العب

.1

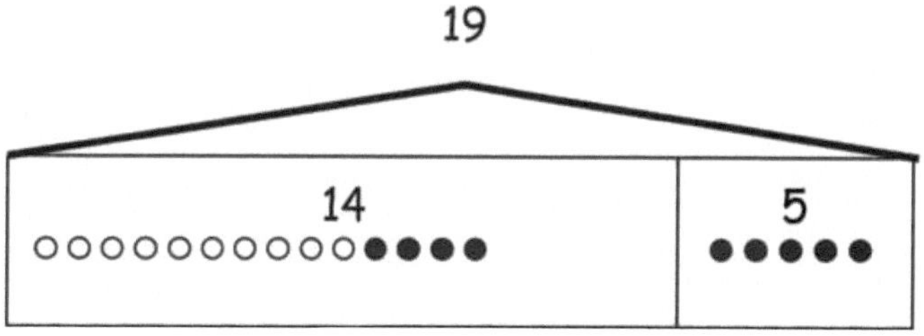

2.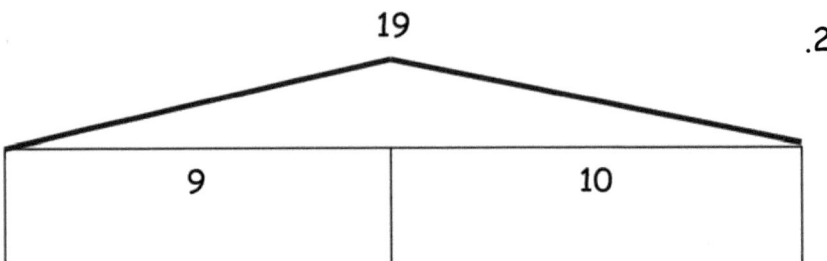

3.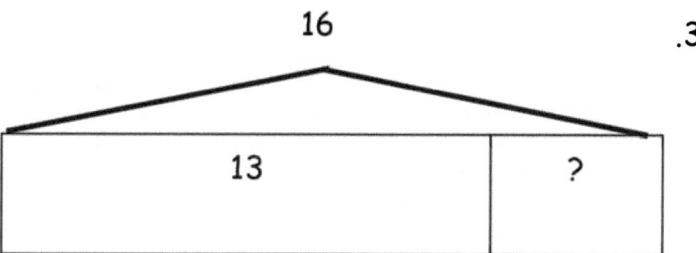

.4

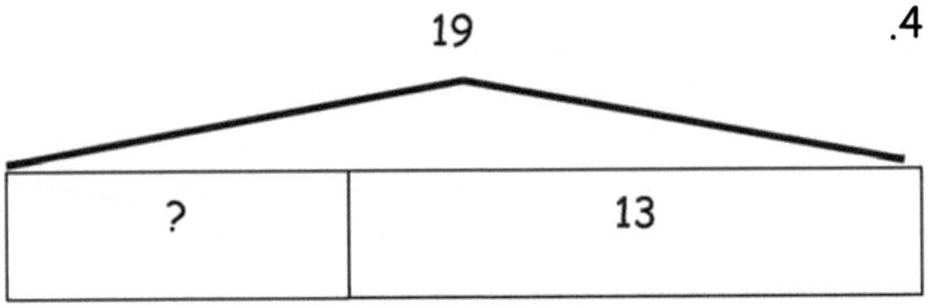

الاسم _____ التاريخ _____

ضع دائرة حول المسألة المكونة من قصتين التي تطابق الرسم البياني الشريطي.

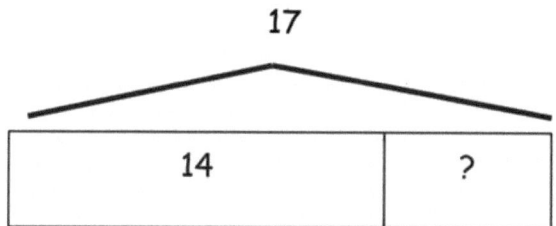

أ. يوجد 14 نملة على بطانية الرحلة. بعد ذلك، جاء المزيد من النمل. الآن، يوجد 17 نملة على بطانية الرحلة. كم نملة جاءت؟

ب. يوجد 14 طفل في الملعب من فصل واحد. بعد ذلك، جاء 17 طفلا من فصل آخر إلى أرض الملعب. كم عدد الأطفال في أرض الملعب الآن؟

ج. يوجد 17 حبة عنب في الطبق. أكل ويلي 14 حبة. كم حبة عنب في الطبق الآن؟

اقرأ

التقط كيم 10 أقلام رصاص ضائعة ووضعها في كأس. لدى بن حزمة بها 10 أقلام رصاص أضافها إلى الكأس. كم عدد الأقلام الرصاص في الكأس؟

ارسم

اكتب

الاسم ______________________ التاريخ ______________

1. املأ الفراغات، وواصل الأزواج التي تعرض نفس العدد.

أ.

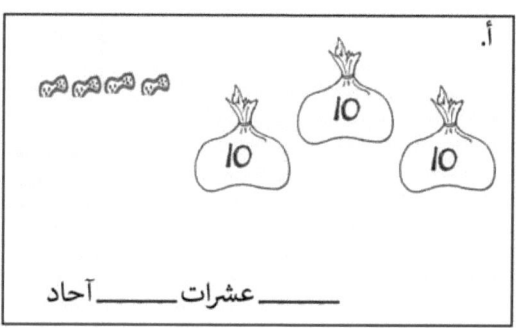

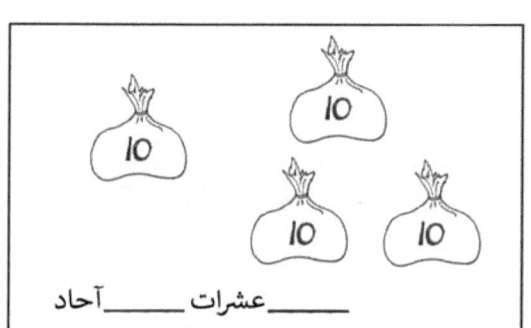

_____ عشرات _____ آحاد

_____ عشرات _____ آحاد

ب.

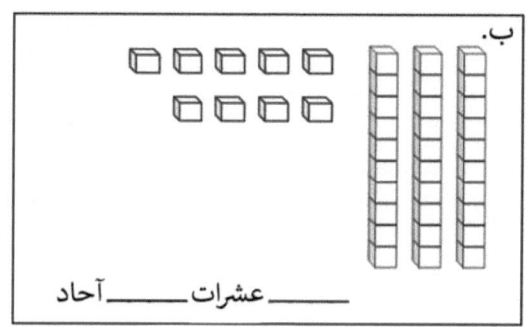

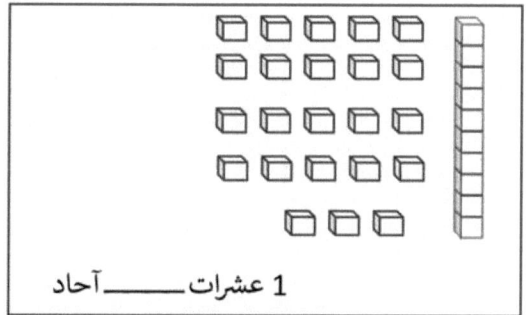

_____ عشرات _____ آحاد

1 عشرات _____ آحاد

ج.

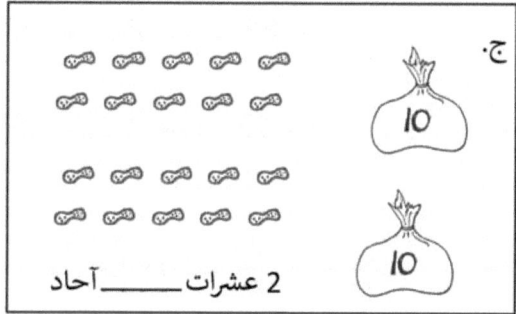

2 عشرات _____ آحاد

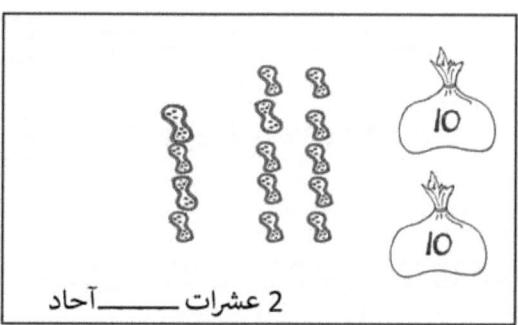

2 عشرات _____ آحاد

د.

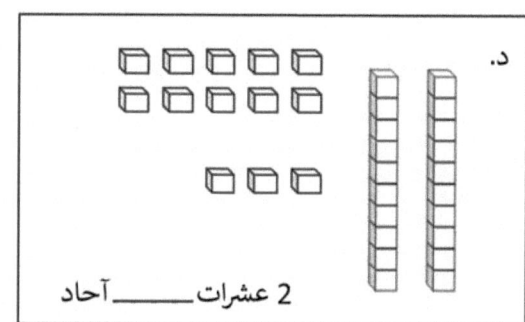

2 عشرات _____ آحاد

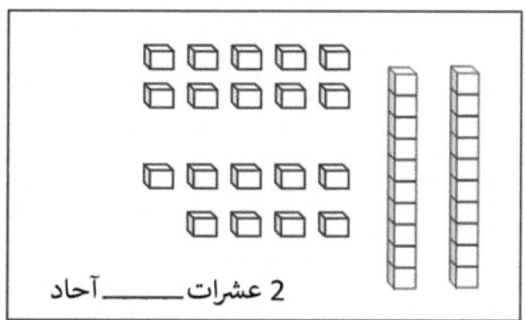

2 عشرات _____ آحاد

2. وصل مخططات القيمة المكانية التي توضح نفس العدد.

أ.

آحاد	عشرات
2	2

ب.

آحاد	عشرات
16	2

ج.

آحاد	عشرات
14	2

آحاد	عشرات
6	3

آحاد	عشرات
4	3

آحاد	عشرات
12	1

3. تحقق عن كل جملة صحيحة.

☐ أ. 27 تساوي 1 عشرات 17 آحاد.

☐ ب. 33 يساوي 2 عشرات 23 آحاد.

☐ ج. 37 يساوي 2 عشرات 17 آحاد.

☐ د. 29 تساوي 1 عشرات 19 آحاد.

4. يقول لي أن 35 يساوي 2 عشرات و 15 آحاد، وتقول ماريا أن 35 يساوي 1 عشرات و 25 آحاد. ارسم عشرات سريعة لتوضيح إذا كانت ماريا أم لي على صواب.

EUREKA MATH

الاسم ______________________________ التاريخ ______________

1. وصل مخططات القيمة المكانية التي توضح نفس العدد.

أ.

عشرات	آحاد
2	12

عشرات	آحاد
2	16

ب.

عشرات	آحاد
2	8

عشرات	آحاد
1	18

ج.

عشرات	آحاد
3	6

عشرات	آحاد
3	2

2. تقول تامارا أن 24 يساوي 1 عشرات 14 آحاد، ويقول ويلي أن 24 يساوي 2 عشرات و 14 آحاد. ارسم عشرات سريعة لتوضيح إذا كانت تمارا أم ويلي على صواب.

اقرأ

دفن الكلب 11 عظمة خلف بيت الكلب. بعد ذلك، أعطاه مالكه 5 عظمات أخرى. كم عدد العظمات مع الكلب الآن؟

امتداد: كل العظمات بنية أو بيضاء. عدد العظمات البنية يساوي عدد العظام البيضاء. كم عدد العظمات البنية مع الكلب؟

ارسم

اكتب

_____

_____

_____

الاسم _____ التاريخ _____

1. حل باستخدام الروابط الرقمية. اكتب جملتين رقميتين لتشرح انك اضفت الـ 10 أولاً. ارسم عشرات سريعة وآحاد إذا كان ذلك سيساعدك.

أ.
14 + 13 = ____
   /\
  10 3

24 = 10 + 14

27 = 3 + 24

ب.
13 + 24 = ____
   /\
  10 3

____ = 10 + 24

____ = 3 + ____

ج.
16 + 13 = ____
   /\
  10 3

____ = 10 + 16

____ = 3 + ____

د.
13 + 26 = ____
   /\
  10 3

____ = 10 + 26

____ = ____ + ____

هـ.
15 + 15 = ____
   /\
  10 5

____ = ____ + ____

____ = ____ + ____

و.
15 + 25 = ____
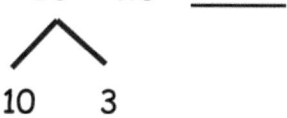

____ = ____ + ____

____ = ____ + ____

2. حل باستخدام الروابط الرقمية أو طريقة الأسهم. لقد تم البدء بالجزء (أ) من أجلك.

أ.
15 + 13 = ____
10   3

ب.
____ = 23 + 14

ج.
____ = 14 + 16

د.
____ = 26 + 14

هـ.
____ = 17 + 21

و.
____ = 23 + 17

ز.
____ = 18 + 21

ح.
____ = 12 + 18

الاسم _____ التاريخ _____

حل باستخدام الروابط الرقمية. اكتب جملتين رقميتين لشرح ما أضافته 10 أولاً.

1. 13 + 26 =

____ + ____ = ____

____ + ____ = ____

2. 19 + 21 =

____ + ____ = ____

____ + ____ = ____

اقرأ

يخفي السنجاب 11 جوزة تحت شجرة. بعد ذلك، أعطى 5 من الجوز إلى صديق له. كم عدد الجوزات التي مع السنجاب؟

امتداد: لدى سنجاب أخر ضعف عدد الجوز الذي كان مع السنجاب الاول في البداية. كم عدد الجوز الذي يخفيه السنجاب الثاني؟

ارسم

اكتب

_____

_____

_____

الاسم _____ التاريخ _____

1. حل باستخدام الروابط الرقمية. هذه المرة، أضف العشرات أولاً. اكتب جملتين رقميتين لشرح ما الذي قمت به.

أ. _____ = 14 + 11	ب. _____ = 14 + 21
ج. _____ = 15 + 14	د. _____ = 14 + 26
هـ. _____ = 13 + 26	و. _____ = 24 + 13

2. حل باستخدام الروابط الرقمية. هذه المرة، أضف الآحاد أولاً. اكتب جملتين رقميتين لشرح ما الذي قمت به.

أ. 11 + 29 = ______	ب. 13 + 17 = ______
ج. 16 + 14 = ______	د. 13 + 26 = ______
هـ. 11 + 28 = ______	و. 27 + 12 = ______
ز. 12 + 18 = ______	ح. 18 + 22 = ______

الاسم ______________________ التاريخ ____________

حل باستخدام الروابط الرقمية. اكتب جملتين رقميتين لتسجيل ما قمت به.

أ.	ب.
$27 + 12 =$ ______	$21 + 19 =$ ______

اقرأ

أمطرت ثلوجًا 7 أيام في شهر فبراير ونفس العدد من الأيام في مارس. كم يومًا أمطرت ثلجًا في هذين الشهرين؟

امتداد: أمطرت ثلوجًا 3 أيام في يناير. كم يومًا أمطرت ثلوجًا في الشهور الثلاثة؟ كم يزيد عدد أيام الثلوج في فبراير عن يناير؟

ارسم

اكتب

_____

_____

_____

الاسم ______________________ التاريخ ______________

1. حل باستخدام الرابط الرقمي لإضافة العشرة أولاً. اكتب جملتين إضافيتين التي ساعدتك.

أ.

18 + 14 = ______

10 4

28 = 10 + 18

32 = 4 + 28

ب.

14 + 17 = ______

10 4

27 = 10 + 17

31 = 4 + 27

ج.

19 + 15 = ______

10 5

______ = 10 + 19

______ = 5 + ______

د.

18 + 15 = ______

10 5

______ = 10 + 18

______ = 5 + ______

هـ.

19 + 13 = ______

10 3

______ = 10 + 19

______ = ______ + ______

و.

19 + 16 = ______

10 6

______ = 10 + 19

______ = ______ + ______

الدرس 26: اجمع زوج من الأعداد المكونة من رقمين عندما يكون مجموع أرقام الآحاد أكبر من 10.

EUREKA MATH

2. حل باستخدام الرابط الرقمي لوضع العشرة أولاً. اكتب جملتين رقميتين التي ساعدتك.

أ.
19 + 14 = _____
∧
1   13

20 = 1 + 19

33 = 13 + 20

ب.
18 + 13 = _____
∧
2   11

20 = 2 + 18

31 = 11 + 20

ج.
18 + 14 = _____
∧
2   12

_____ = 2 + 18

_____ = 12 + 20

د.
18 + 16 = _____
∧
2   14

_____ = 2 + 18

_____ = 14 + _____

هـ.
15 + 17 = _____
∧
12   3

_____ = 3 + _____

_____ = 12 + _____

و.
17 + 18 = _____
∧
15   2

_____ = _____ + _____

_____ = _____ + _____

الدرس 26 تذكرة الخروج 4•1

الاسم ______________________ التاريخ ____________

1. حل باستخدام الرابط الرقمي لجمع العشرة أولاً. اكتب جملتين رقميتين التي ساعدتك.

أ.	ب.
15 + 19 = _____	19 + 17 = _____
_____ + _____ = _____	_____ + _____ = _____
_____ + _____ = _____	_____ + _____ = _____

2. حل باستخدام الروابط الرقمية لتكوين عشرة. اكتب جملتين رقميتين التي ساعدتك.

أ.	ب.
15 + 19 = _____	19 + 17 = _____
_____ + _____ = _____	_____ + _____ = _____
_____ + _____ = _____	_____ + _____ = _____

اقرأ

خلال فصل الشتاء، تساقطت الثلوج في 14 يومًا مختلفة. في بعض الأيام، نضطر إلى البقاء في المنزل. في 9 من أيام الأمطار الثلجية، كان علينا الذهاب إلى المدرسة. كم يومًا اضطررنا إلى البقاء في المنزل؟

امتداد: كم يزيد عدد الأيام التي أمطرت ثلوجًا خلال وجودنا بالمدرسة بالمقارنة مع الأيام التي قضيناها في المنزل؟

ارسم

اكتب

_____

_____

_____

الاسم ______________________ التاريخ ____________

1. حل باستخدام الروابط الرقمية مع أزواج الجمل الرقمية. يمكنك رسم العشرات السريعة وبعض الآحاد لمساعدتك.

أ. ______ = 12 + 19	ب. ______ = 12 + 18
ج. ______ = 13 + 19	د. ______ = 14 + 18
هـ. ______ = 14 + 17	و. ______ = 17 + 17
ز. ______ = 17 + 18	ح. ______ = 19 + 18

2. حل. يمكنك رسم العشرات السريعة وبعض الآحاد لمساعدتك.

أ. _____ = 12 + 19

ب. _____ = 13 + 18

ج. _____ = 13 + 19

د. _____ = 15 + 18

هـ. _____ = 16 + 19

و. _____ = 17 + 15

ز. _____ = 19 + 19

ح. _____ = 18 + 18

الاسم ________________________________ التاريخ ______________

حل باستخدام الروابط الرقمية مع أزواج الجمل الرقمية. يمكنك رسم العشرات السريعة وبعض الآحاد لمساعدتك.

أ. 16 + 15 = ______	ب. 17 + 13 = ______
ج. 16 + 16 = ______	د. 17 +15 = ______

اقرأ

لدى أنطون عدد من أقلام التلوين في مكتبه. أعطاه المعلم قلمين (2) آخرين. عندما عد جميع أقلام الألوان، وجد أن معه 16 قلم تلوين. كم قلم تلوين كانت مع أنطون في مكتبه في البداية؟

ارسم

4•1 الدرس 28 مسائل تطبيقية
قصة الوحدات

اكتب

الدرس 28: اجمع زوجين من الأعداد المكونة من رقمين تحتوي على مجاميع مختلفة في الآحاد.

الاسم _____ التاريخ _____

1. حل باستخدام رسومات العشرات السريعة أو الروابط الرقمية أو طريقة الأسهم. راجع المستطيل إذا كنت كونت عشرة جديدة.

أ. 23 + 12 = _____

ب. 15 + 15 = _____

ج. 19 + 21 = _____

د. 17 + 12 = _____

هـ. 27 + 13 = _____

و. 17 + 16 = _____

2. حل باستخدام رسومات العشرات السريعة أو الروابط الرقمية أو طريقة الأسهم.

أ. 15 + 13 = _____	ب. 25 + 13 = _____
ج. 24 + 14 = _____	د. 25 + 15 = _____
هـ. 18 + 14 = _____	و. 18 + 18 = _____
ز. 24 + 16 = _____	ح. 17 + 18 = _____

الاسم _____ التاريخ _____

حل باستخدام عشرات سريعة وآحاد، والروابط الرقمية أو نظام الأسهم.

أ. 12 + 16 = _____

ب. 26 + 14 = _____

ج. 18 + 16 = _____

د. 19 + 17 = _____

4•1 الدرس 29 مسائل تطبيقية قصة الوحدات

اقرأ

صديقة كيانا أعطتها 3 ملصقات أخرى. الآن، مع كيانا 16 ملصقًا. كم ملصقًا كان مع كيانا في بداية الأمر؟

ارسم

اكتب

175 الدرس 29: اجمع زوجين من الأعداد المكونة من رقمين تحتوي على مجاميع مختلفة في الآحاد.

الاسم ______________________ التاريخ ____________

1. حل باستخدام رسومات العشرات السريعة أو الروابط الرقمية أو طريقة الأسهم.

- أ. ______ = 12 + 13
- ب. ______ = 12 + 23
- ج. ______ = 16 + 13
- د. ______ = 16 + 23
- هـ. ______ = 27 + 13
- و. ______ = 16 + 17
- ز. ______ = 18 + 14
- ح. ______ = 17 + 18

177 الدرس 29: اجمع زوجين من الأعداد المكونة من رقمين تحتوي على مجاميع مختلفة في الآحاد.

2. حل باستخدام رسومات العشرات السريعة أو الروابط الرقمية أو طريقة الأسهم. استعد لمناقشة طريقة الحل خلال عملية الاستنتاج.

ب. _____ = 21 + 17	أ. _____ = 11 + 17
د. _____ = 14 + 17	ج. _____ = 13 + 27
و. _____ = 17 + 17	هـ. _____ = 26 + 13
ح. _____ = 17 + 16	ز. _____ = 15 + 18

الاسم _____ التاريخ _____

حل باستخدام رسومات العشرات السريعة أو الروابط الرقمية أو طريقة الأسهم.

أ. _____ = 14 + 18	ب. _____ = 23 + 14
ج. _____ = 12 + 28	د. _____ = 21 + 19

الدرس 29: اجمع زوجين من الأعداد المكونة من رقمين تحتوي على مجاميع مختلفة في الآحاد.

الصف 1
الوحدة 5

اقرأ

اليوم، سيحصل كل واحد على 7 قطع قش لاستخدامها في الدرس. فيما بعد، ستستخدم القطع الخاص بك والقطع الخاصة بصديقك معًا. كم قطعة قش ستستخدمها عندما تضم ما معك إلى ما مع صديقك؟

ارسم

اكتب

_____

_____

_____

الاسم ____________________ التاريخ ____________

1. ضع دائرة حول الأشكال التي لها 5 أضلاع مستقيمة.

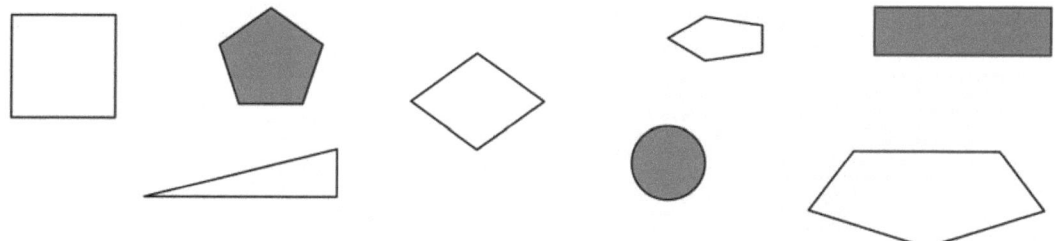

2. ضع دائرة حول الأشكال التي ليس لها اضلاع مستقيمة.

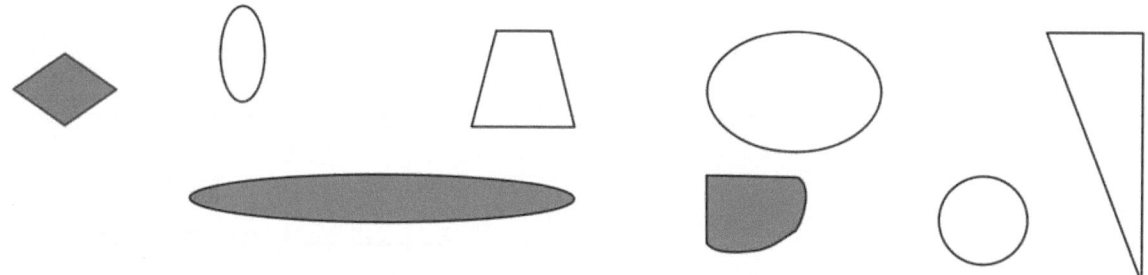

3. ضع دائرة حول الأشكال التي تكون كل زاوية بها زاوية مربعة.

4. أ. ارسم شكلا له 3 جوانب مستقيمة.	ب. ارسم شكلاً آخر له 3 أضلاع مستقيمة يكون مختلفًا عن 4 (أ) وعن الاشكال أعلاه.

5. ما هي السمات أو الخصائص التي المشتركة بين جميع الأشكال في المجموعة أ؟

المجموعة أ

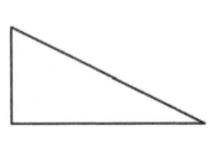

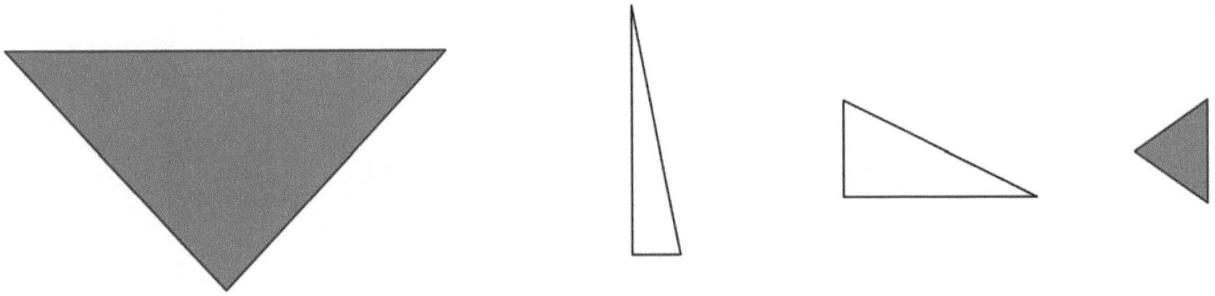

جميعها ____.

جميعها ____.

6. ضع دائرة حول أفضل شكل ملائم يناسب المجموعة أ.

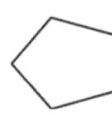

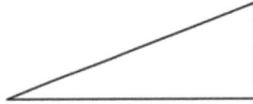

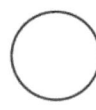

8. ارسم شكل واحد **لا** يناسب المجموعة أ.	7. ارسم شكلين إضافيين يناسبين المجموعة أ.

الاسم _____ التاريخ _____

1. كم عدد الزوايا والأضلاع المستقيمة في كل شكل من الأشكال أسفله؟

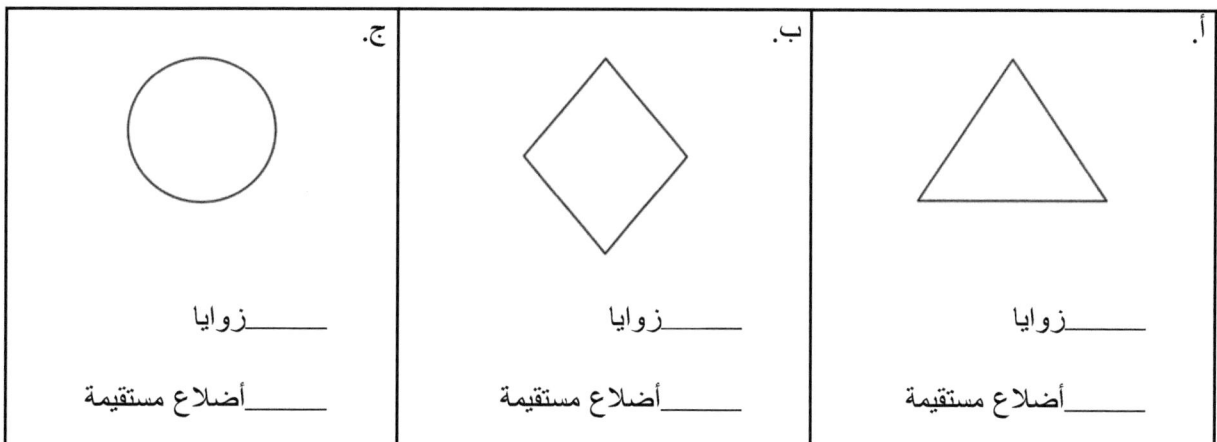

أ. _____ زوايا
   _____ أضلاع مستقيمة

ب. _____ زوايا
   _____ أضلاع مستقيمة

ج. _____ زوايا
   _____ أضلاع مستقيمة

2. انظر إلى الأضلاع والزوايا في الأشكال في كل صف.

أ. اشطب الشكل الذي لا يحتوي على نفس العدد من الأضلاع والزوايا.

ب. اشطب الشكل الذي لا يحتوي على نفس النوع من الزوايا كـ الأشكال الأخرى.

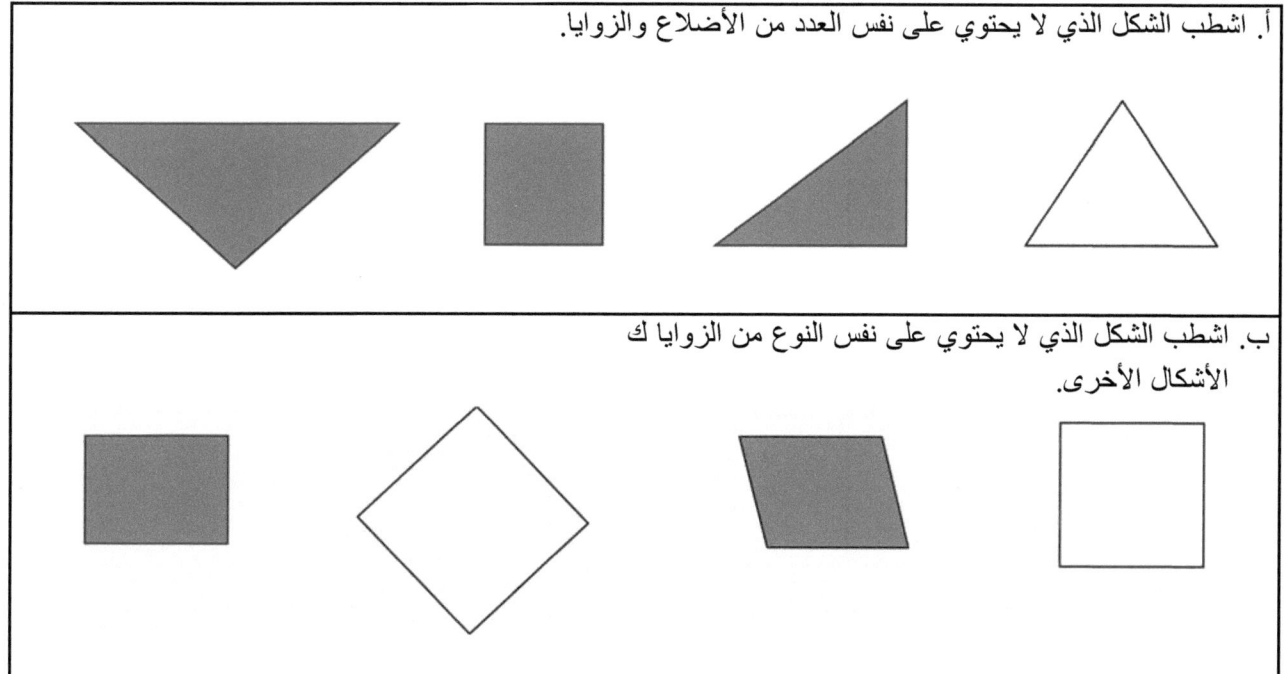

اقرأ

مع لي 9 مصاصات/شاليمونات. استخدم 4 مصاصات/شاليمونات لعمل شكل. كم مصاصة/شاليمونة تركها لعمل أشكال أخرى؟

امتداد: ما هي الأشكال الممكنة التي يستطيع لي عملها؟ ارسم الأشكال المختلفة التي يمكن أن يرسمها لي مستخدمًا 4 مصاصات/شاليمونات. عنون أي من الأشكال التي تعرف اسمها.

ارسم

اكتب

_____

_____

_____

الاسم _____ التاريخ _____

1. استخدم المفتاح لتلوين الأشكال. أكتب العدد الاشكال في الصورة. اهمس باسم الشكل ولنت تعمل.

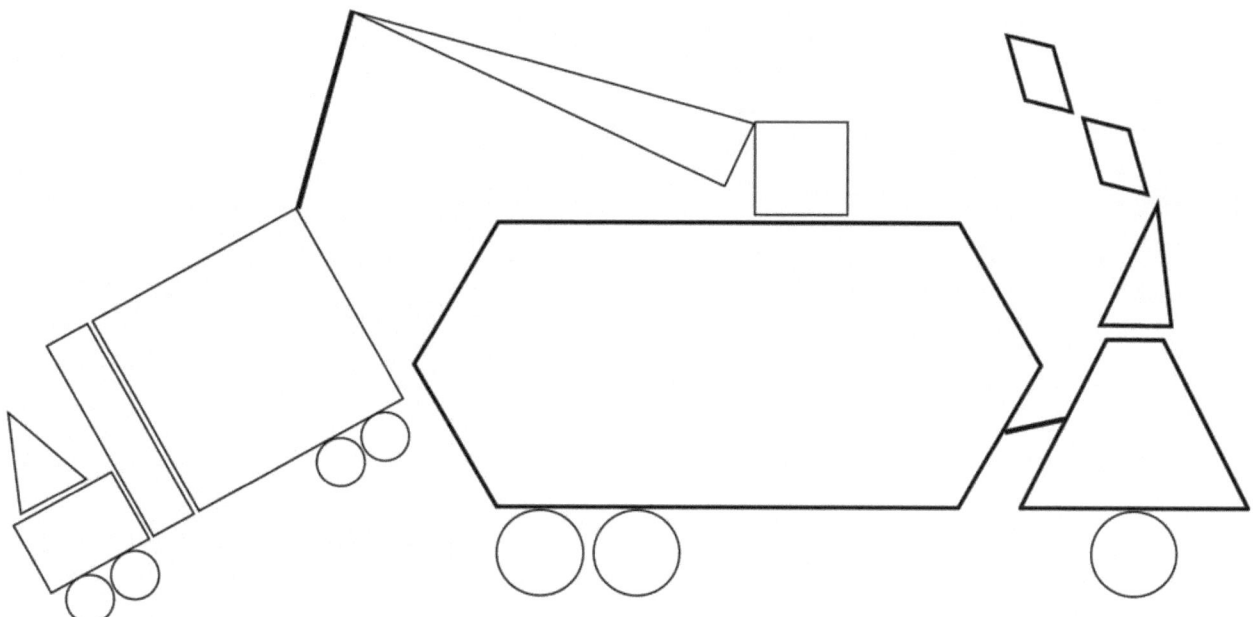

أ. ‏أحمر – أشكال رباعية الأضلاع: _____   ب. أخضر – أشكال ثلاثية الأضلاع: _____

ج. أصفر – أشكال خماسية الأضلاع: _____   د. أسود – أشكال سداسية الأضلاع: _____

هـ. أزرق – أشكال بدون زوايا: _____

2. ارسم دائرة حول الأشكال المستطيلة.

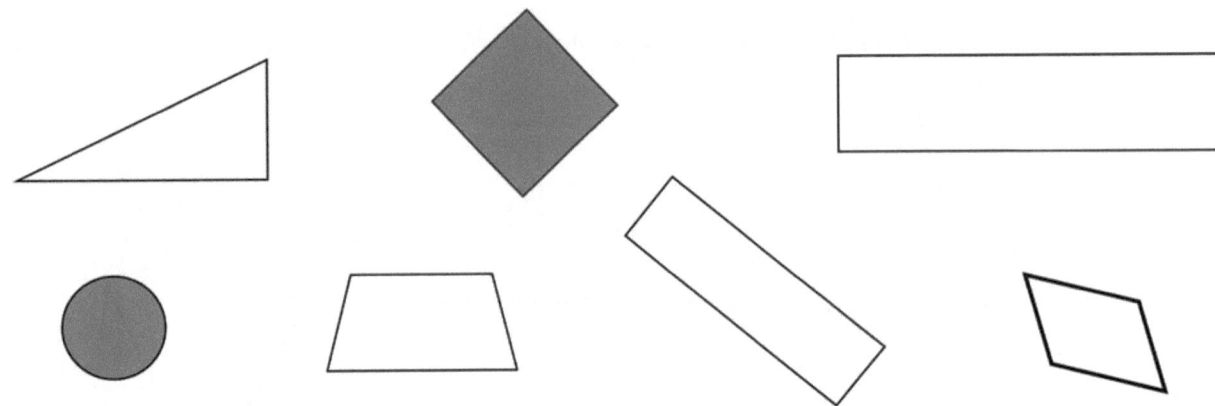

3. هل الشكل مستطيل؟ اشرح طريقة تفكيرك.

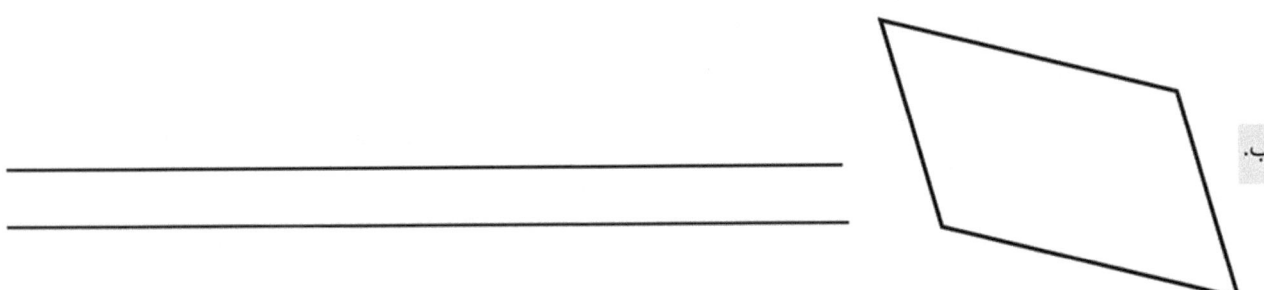

أ.

____

____

ب.

____

____

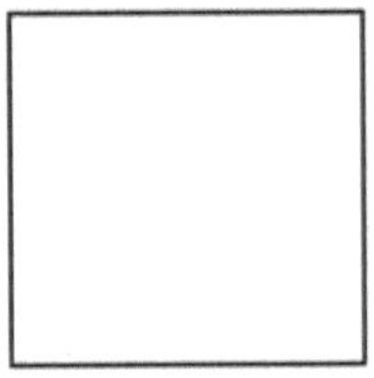

الدرس 2 تذكرة الخروج 5•1

الاسم ______________________ التاريخ ______________

اكتب عدد الزوايا والأضلاع في كل شكل. بعد ذلك، صل الشكل باسمه. تذكر أن بعض الأشكال المميزة قد يكون لها أكثر من اسم.

.1

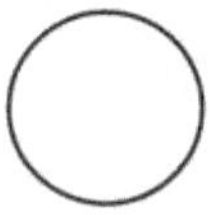

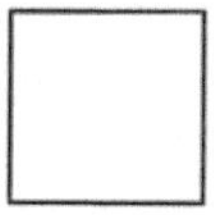

____ زوايا

____ أضلاع مستقيمة

.2

____ زوايا

____ أضلاع مستقيمة

.3

____ زوايا

____ أضلاع مستقيمة

.4

____ زوايا

____ أضلاع مستقيمة

مثلث

دائرة

مستطيل

شكل سداسي

مربع

معين

الدرس 2: أوجد الأشكال ثنائية الأبعاد وتسميتها بما في ذلك شبه المنحرف والمُعين والمربع كمستطيل خاص، بناءً على تحديد سمات الأضلاع والزوايا.

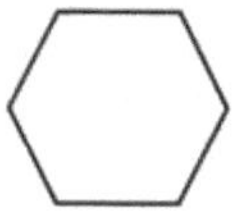

اقرأ

رسمت روز 6 مثلثات. رسمت ماريا 7 مثلثات. كم يزيد عدد المثلثات مع ماريا عن المثلثات مع روز؟

ارسم

اكتب

_____

_____

_____

الاسم _____ التاريخ _____

1. في الاشياء الأربعة الأولى، لون أحد الأوجه المسطحة باللون الأحمر. صل كل شكل ثلاثي الأبعاد باسمه.

أ.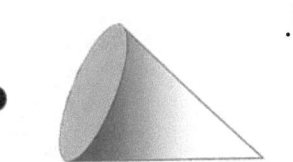

منشورات مستطيلة

ب.

مخروط

ج.

جسم كروي

د.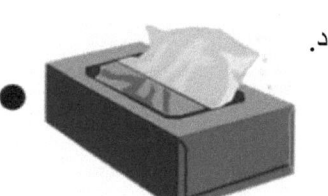

أسطوانة

هـ.

مكعب

2. اكتب اسم كل شيئ في العمود الصحيح.

كتلة

كرة جغرافية

كرة تنس

علبة مناديل

نرد

علبة

قبعة حفل

مكعبات	أشكال كروية	مخاريط	منشورات مستطيلة	أسطوانات

3. ضع دائرة حول السمات التي تصف كل الأشكال الكروية.

بدون أضلاع مستقيمة

دائرية

يمكن أن تتدحرج

يمكن أن ترتد

4. *ضع دائرة حول السمات التي تصف كل المكعبات.*

له أوجه مربعة

لونها احمر

قاسية

لها 6 أوجه

الاسم ______________________ التاريخ ______________

ضع دائرة حول صح أم خطأ. اكتب جملة واحدة لتوضيح اجابتك. استخدم بنك الكلمات إذا تطلب الأمر.

بنك الكلمات

أوجه	وضع دائرة	مربع
أضلاع	مستطيل	نقطة

.1

هذه العلبة عبارة عن أسطوانة. صح أم خطأ

.2

علبة العصير عبارة عن مكعب. صح أم خطأ

اقرأ

بنى أنطون برجاً ارتفاعه 5 مكعبات. بنى بين برجاً ارتفاعه 7 مكعبات. كم يزيد طول برج بين عن برج أنتون؟

ارسم

اكتب

_____

_____

_____

الاسم _____ التاريخ _____

استخدم قوالب نموذجية تعليمية لعمل الأشكال التالية. تتبع أو ارسم لتسجيل عملك.

1. استخدم 3 مثلثات لعمل 1 شبه منحرف.

2. استخدم 4 مربعات لعمل مربع كبير.

3. استخدم 6 مثلثات لعمل مسدس.

4. استخدم الأشكال 1 شبه منحرف و1 معين و1 مثلث لعمل 1 سداسي.

قصة الوحدات • الدرس 4 مجموعة مسائل • 5•1

5. كوّن مستطيلاً مستخدمًا المربعات من قوالب نموذجية تعليمية. تتبع المربعات لإظهار المستطيل الذي صنعته.

6. كم مربعًا تراه في هذا المستطيل؟

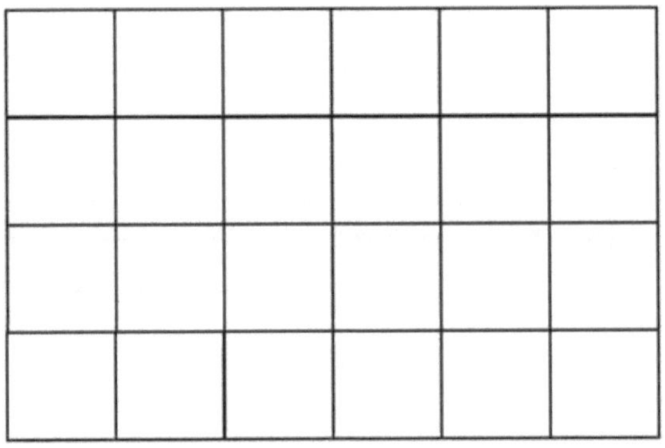

أستطيع أن أجد _____ مربعات في هذا المستطيل.

7. استخدم قوالب نموذجية تعليمية خاصتك لعمل صورة. تتبع الأشكال لإظهار ما صنعته. أخبر صديقًا بالأشكال التي استخدمتها. هل يمكنك إيجاد اي أشكال أكبر داخل صورتك؟

الاسم ______________________________ التاريخ ______________

استخدم قوالب نموذجية تعليمية لعمل الأشكال التالية. تتبع أو ارسم لعرض ماذا قمت به.

1. استخدم 3 معينات لعمل شكل سداسي.	2. استخدم شكل سداسي واحد و 3 مثلثات لعمل مثلث كبير.

اقرأ

يقارن دارنيل وتمارا بين العنب الخاص بكل منهما. تحتوي كرمة دارنيل على 9 عنبات. تحتوي كرمة تامارا على 6 حبات. كم يزيد عدد العنبات لدى دارنيل عن العنبات لدى تامارا؟

ارسم

اكتب

_____

_____

_____

الاسم ______________________ التاريخ ______________

.1

أ. كم عدد الأشكال التي تم استخدامها لعمل هذا المربع الكبير؟

يوجد ______________
أشكال في هذا المربع الكبير.

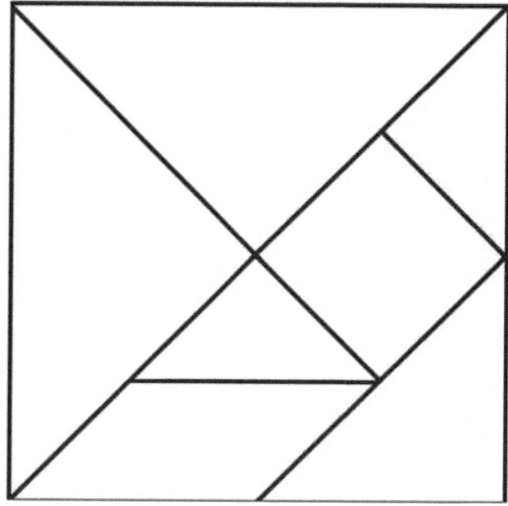

ب. ما هي أسماء أنواع الأشكال الثلاثة المستخدمة في المربع الكبير؟

______________ ______________ ______________

2. استخدم 2 من قطع التانغرام خاصتك لعمل مربع. أي قطعتين استخدمت؟ ارسم أو تتبع القطع لتظهر كيف صنعت المربع.

3. استخدم 4 من قطع التانغر لعمل شبه منحرف. ارسم أو تتبع القطع لإظهار الأشكال التي استخدمتها.

4. استخدم قطع التانغرام السبعة لإكمال اللغز.

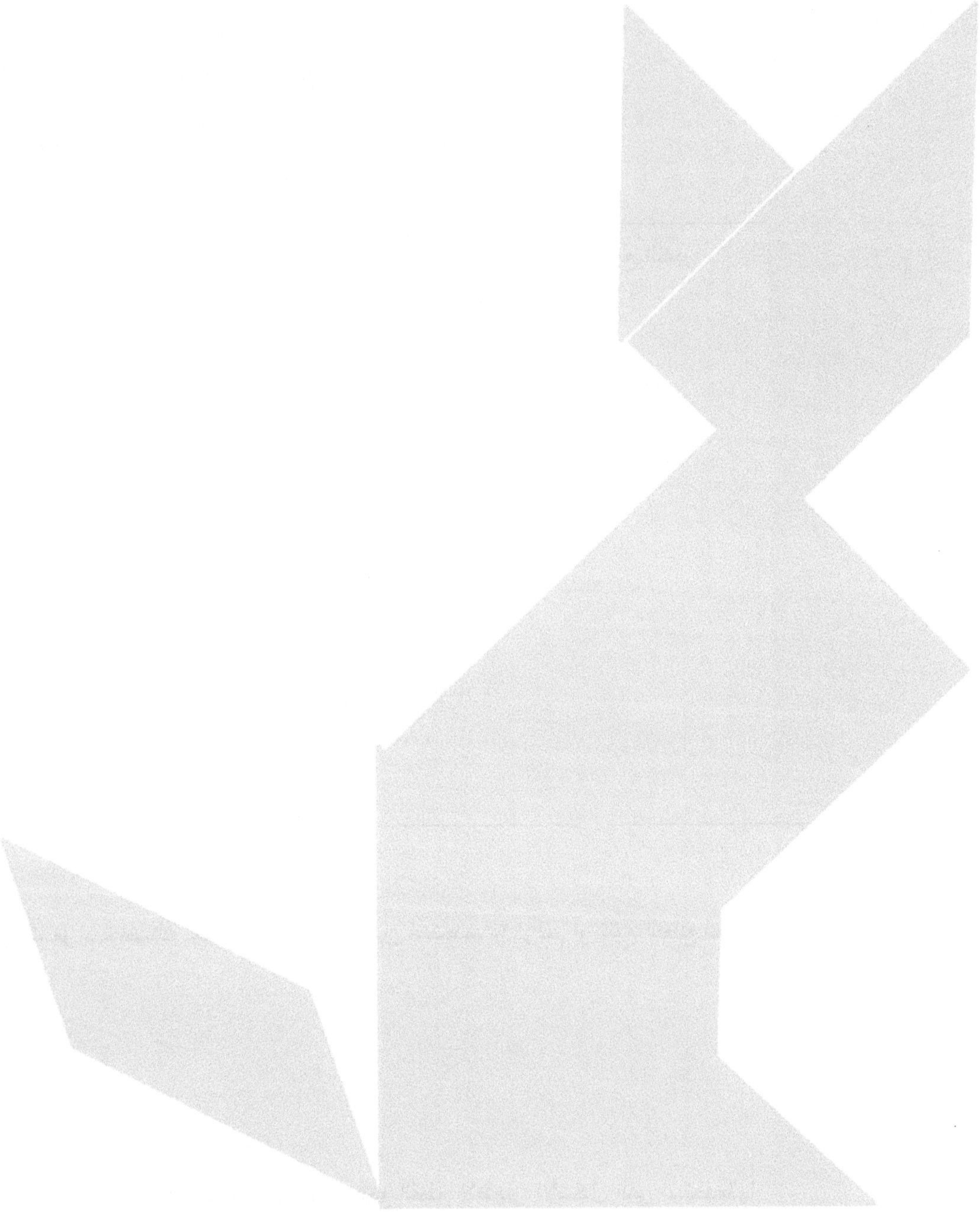

5. مع شريك، كون طائر أو زهرة مستخدمًا كل قطعك. ارسم أو تتبع لإظهار القطع التي استخدمتها في ظهر الورقة. جرّب لترى ما الأشياء الأخرى التي يمكنك عملها بالقطع. ارسم أو تتبع لإظهار ما كونته على ظهر الورقة.

5•1

الدرس 5 تذكرة الخروج

الاسم _____ التاريخ _____

استخدم الكلمات أو الرسومات لإظهار كيف يمكنك عمل شكل أكبر من 3 أشكال أصغر. تذكر استخدام أسماء الأشكال في مثالك.

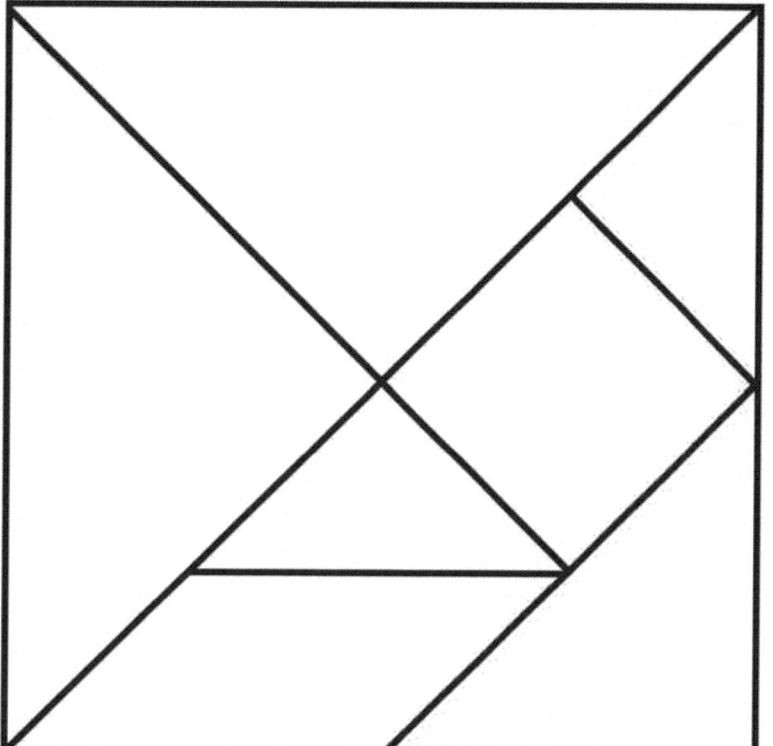

تانغرام

اقرأ

رتبت إيمي 4 مكعبات صفراء في صف. رتبت فران 7 مكعبات زرقاء في صف. من لديه مكعبات أقل؟ كم يقل عدد المكعبات معها؟

ارسم

اكتب

_____

_____

_____

قصة الوحدات .... الدرس 6 مجموعة مسائل .... 5•1

الاسم _____ التاريخ _____

1. اعمل مع شريكك وثنائي آخر لبناء هيكل مستخدمًا الأشكال ثلاثية الأبعاد. يمكنك استخدام أكبر عدد من القطع كما تريد.

2. أكمل الريم لتسجيل رقم كل شكل استخدمته لبناء الهيكل.

	مكعبات
	أشكال كروية
	متوازيات مستطيلات
	أسطوانات
	مخاريط

3. ما هو الشكل الذي استخدمته في قاعدة الهيكل؟ لماذا؟

4. هل هناك شكلاً اخترت عدم استخدامه؟ لما توافق، أو لما لا توافق؟

الاسم _____ التاريخ _____

بنت ماريا هيكلاً مستخدمة أشكالها ثلاثية الأبعاد. استخدم الأشكال التي معك لعمل نفس هيكل ماريا بينما يقرأ معلمك وصف هيكل ماريا.

هيكل ماريا به ما يلي:

- منشور مستطيل واحد (1) يلمس الوجه الأقصر له الطاولة.
- مكعب واحد (1) في الأعلى وعلى يمين المنشور المستطيل.
- أسطوانة واحدة (1) على أعلى المكعب وجهها الدائري يلمس المكعب.

الدرس 7 مسائل تطبيقية

اقرأ

رتب بيتر 5 مناشير مستطيلات لعمل 5 أبراج. وضع مخروطًا فوق 3 من الأبراج. كم عدد المخاريط التي يحتاجها بيتر لوضع مخروط على كل برج؟

ارسم

اكتب

الاسم ________________________ التاريخ ____________

1. هل تنقسم الأشكال إلى أجزاء متساوية؟ اكتب نعم أو لا. إذا كان الشكل يحتوي على أجزاء متساوية، فاكتب عدد الأجزاء المتساوية على الخط. تم حل المسألة الأولى للتوضيح.

أ.
2
ب.
ج.
د.
هـ.
و.
ز.
ح.
ط.
ي.
ك.
ل.
م.
ن.
س.

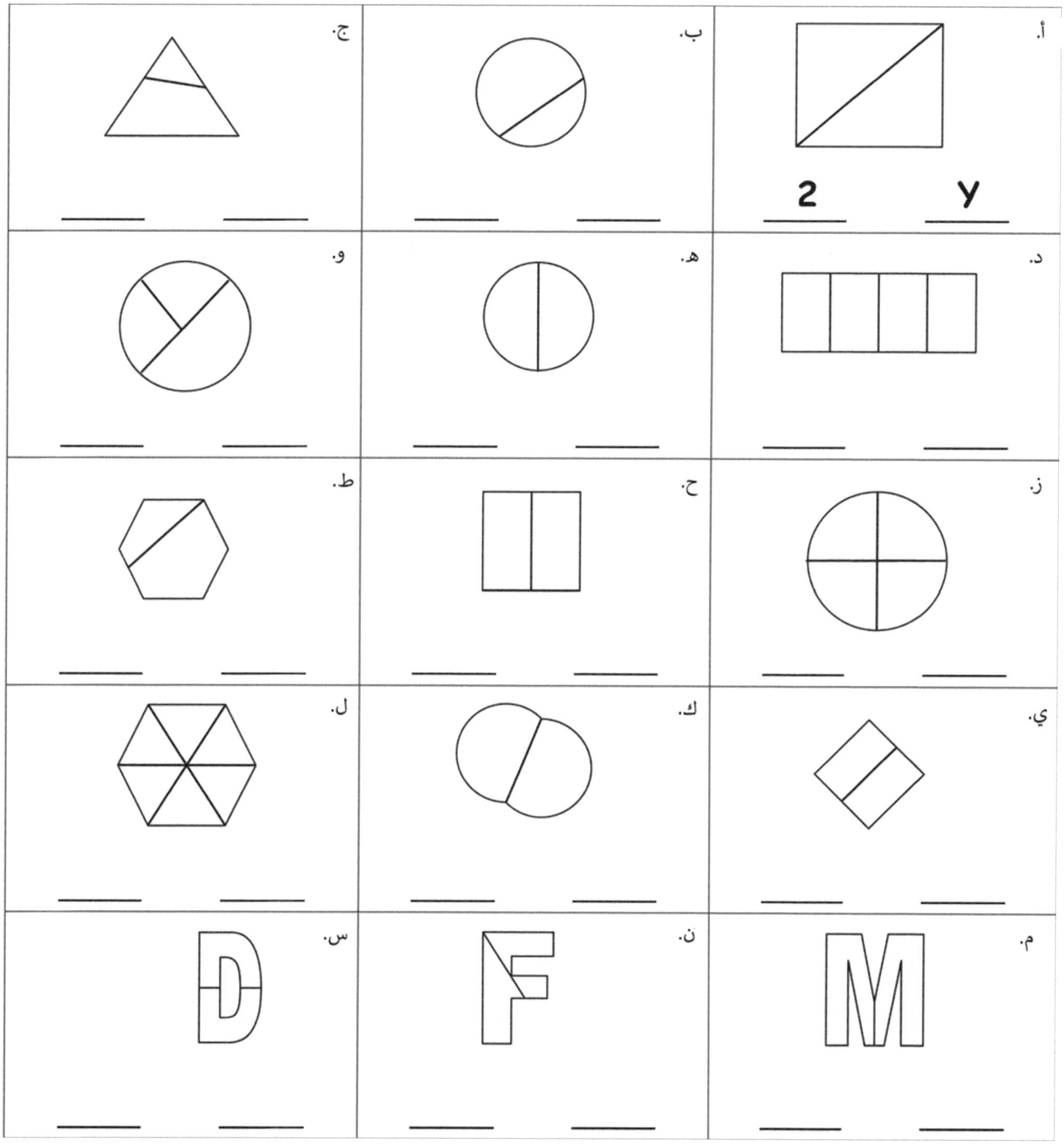

2. أكتب عدد الأجزاء المتساوية في كل شكل.

أ. 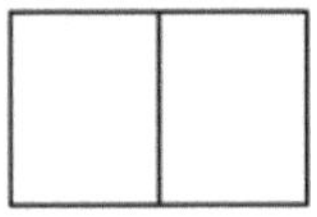	ب. 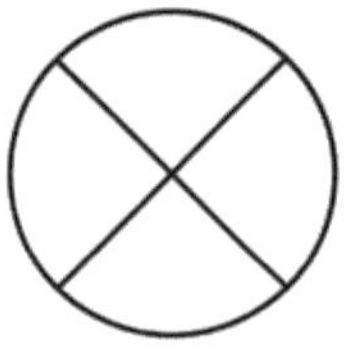	ج. 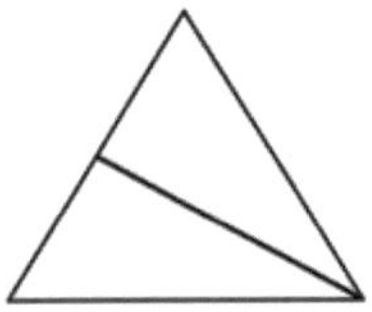
ـــــــــــ	ـــــــــــ	ـــــــــــ
د. 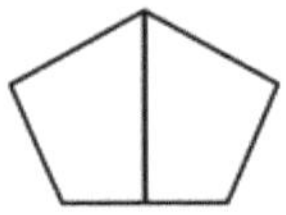	هـ. 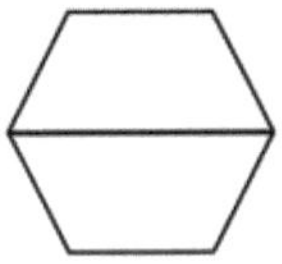	و. 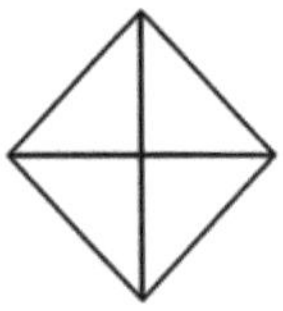
ـــــــــــ	ـــــــــــ	ـــــــــــ

3. ارسم خط واحد لجعل هذا المثلث مثلثين متساويين.

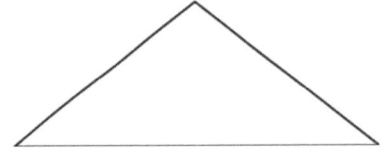

4. ارسم خط واحد لجعل هذا المربع مربعين متساويين.

5. ارسم خطين لجعل هذا المربع 4 مربعات متساوية.

الاسم _____ التاريخ _____

ضع دائرة حول الأشكال التي بها أجزاء متساوية.

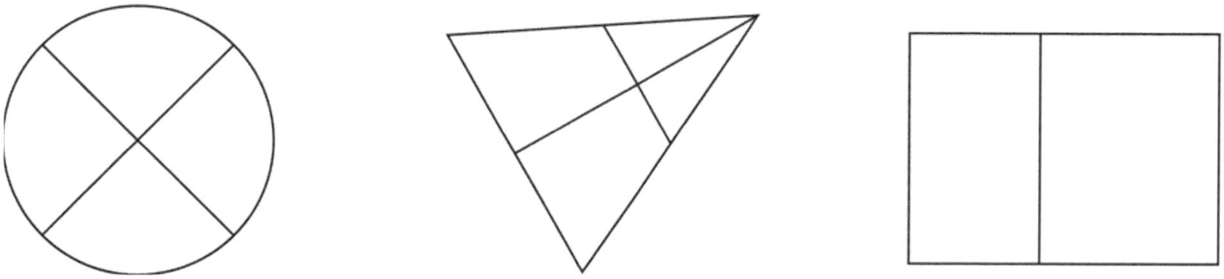

كم عدد الأجزاء المتساوية في الشكل؟ _____

اقرأ

مع بيتر وفران عدد متساو من قوالب نموذجية تعليمية. يوجد إجمالي 12 قوالب نموذجية تعليمية. كم عدد القوالب النموذجية التعليمية لدى فران؟

ارسم

أكتب

الاسم ____________________ التاريخ ____________

1. هل الأشكال مقسمة إلى أنصاف؟ أكتب نعم أو لا.

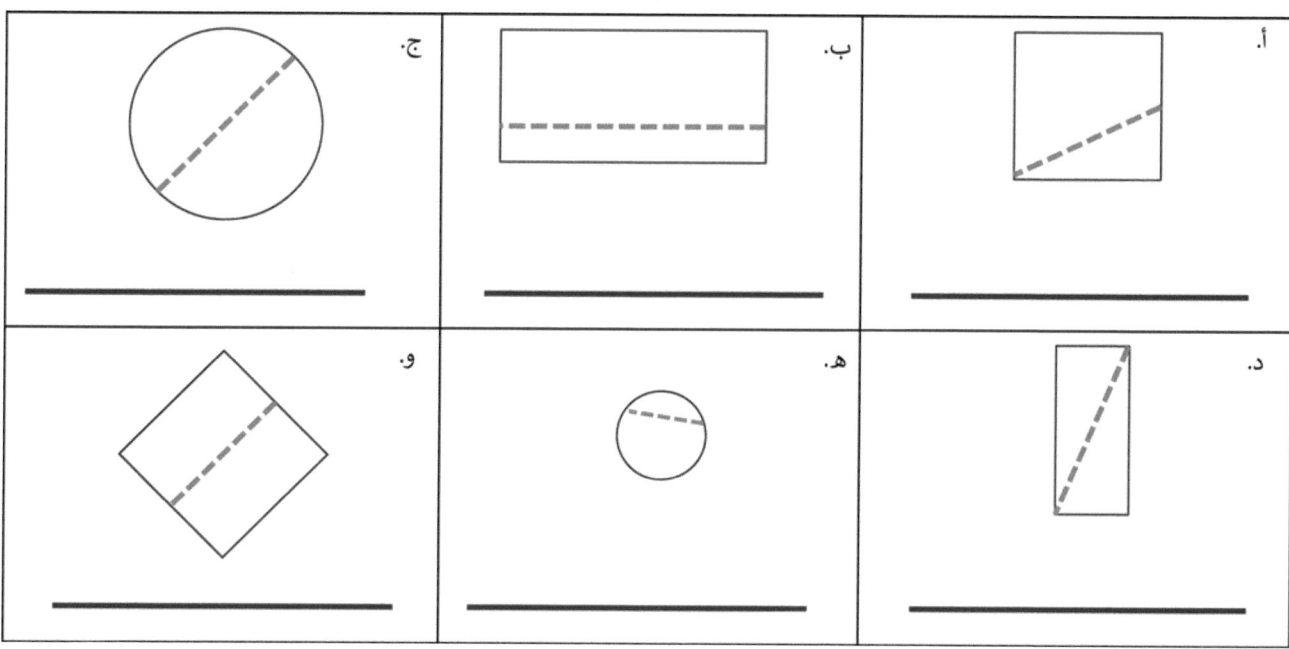

ج. ________	ب. ________	أ. ________
و. ________	هـ. ________	د. ________

2. هل الأشكال مقسمة إلى أرباع؟ أكتب نعم أو لا.

ج. ________	ب. ________	أ. ________
و. ________	هـ. ________	د. ________

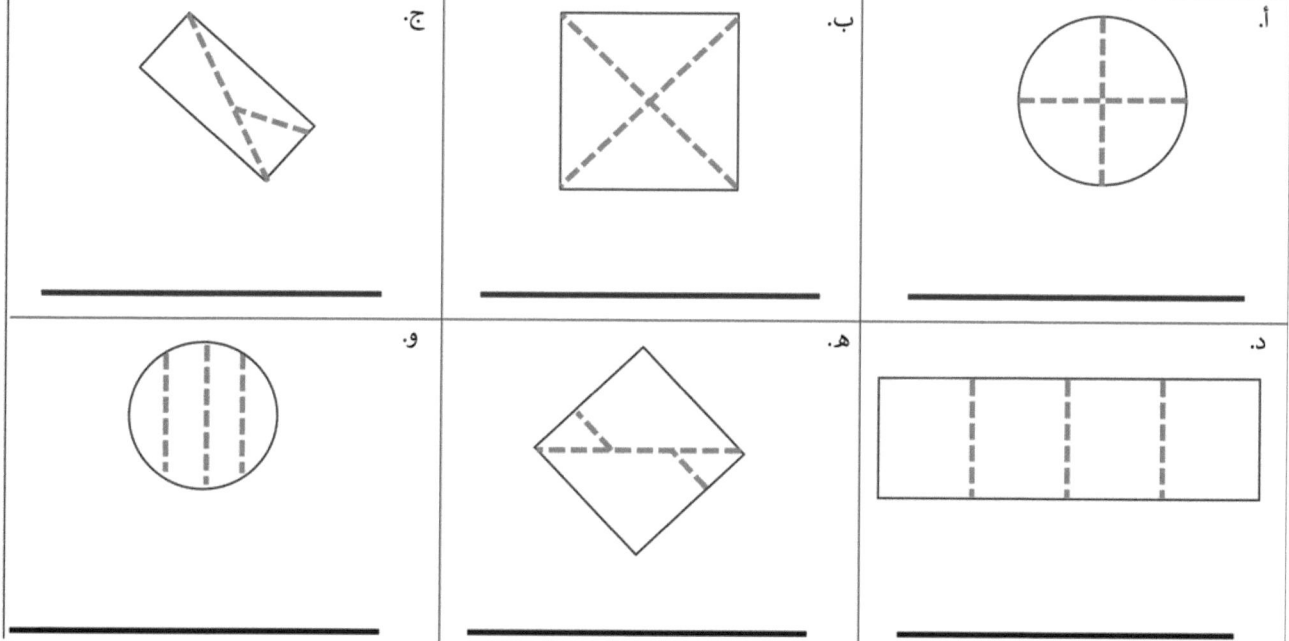

3. لون نصف كل شكل.

أ.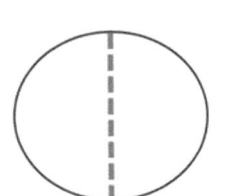

ب.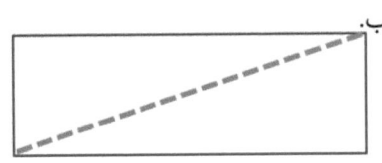

ج.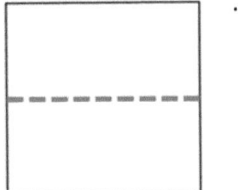

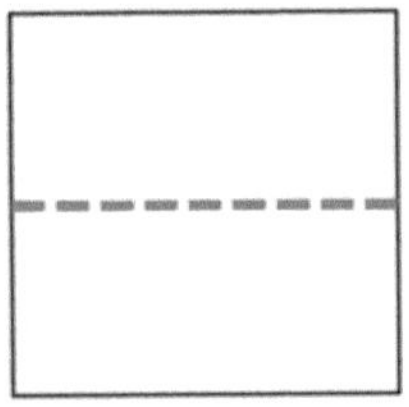

د.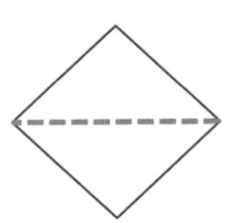

هـ.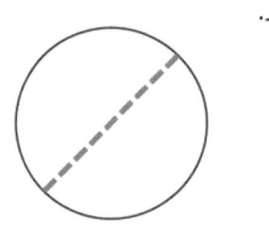

و.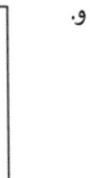

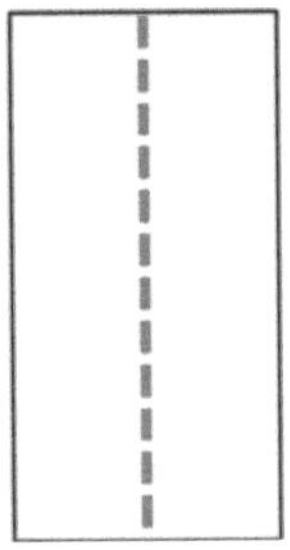

4. لون ربع واحد لكل شكل.

أ.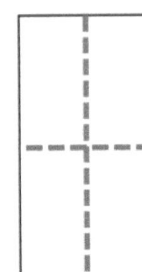

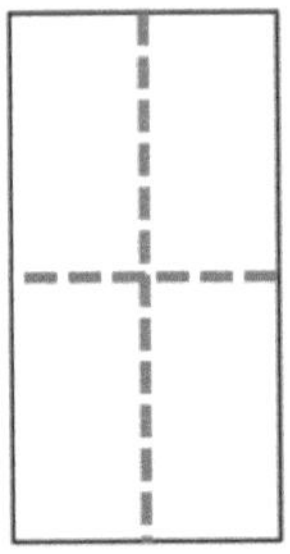

ب.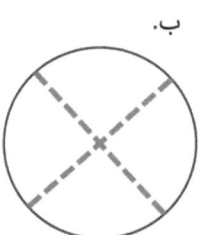

ج.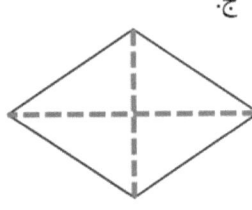

د.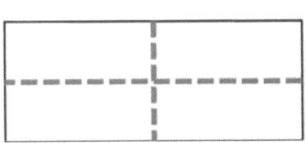

هـ.

الاسم _____ التاريخ _____

لون ربع واحد من هذا المربع. 	لون نصف هذا المستطيل. 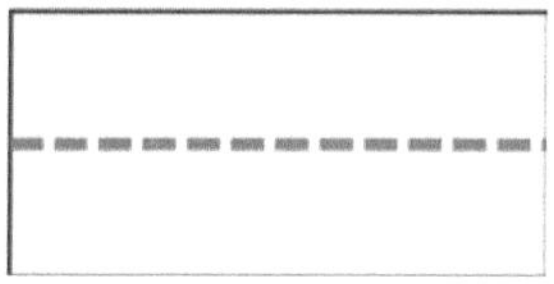
لون نصف هذا المربع. 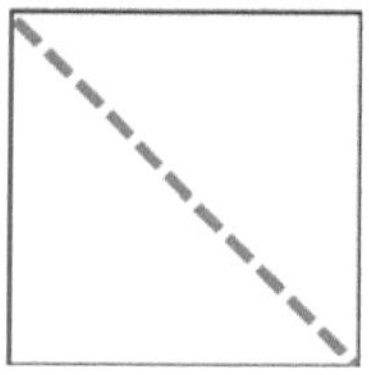	لون ربع هذه الدائرة. 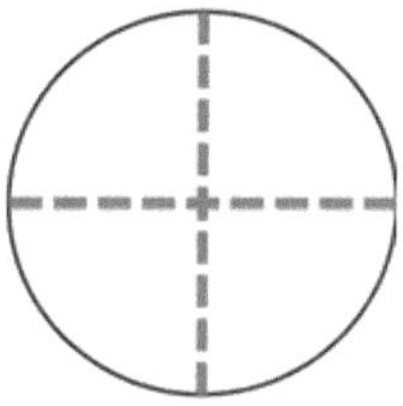

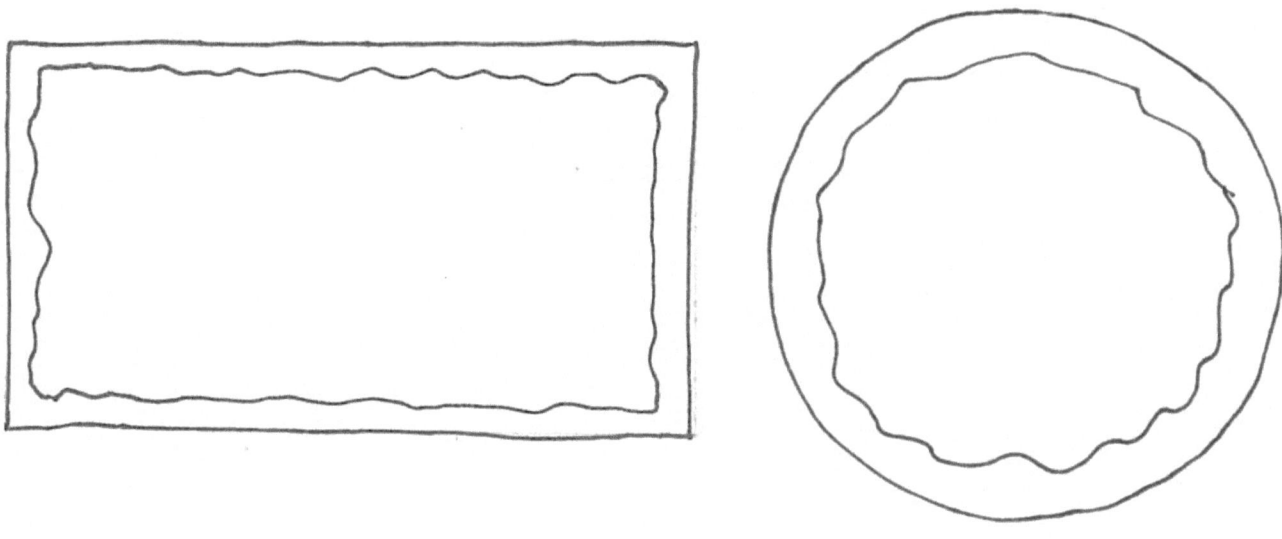

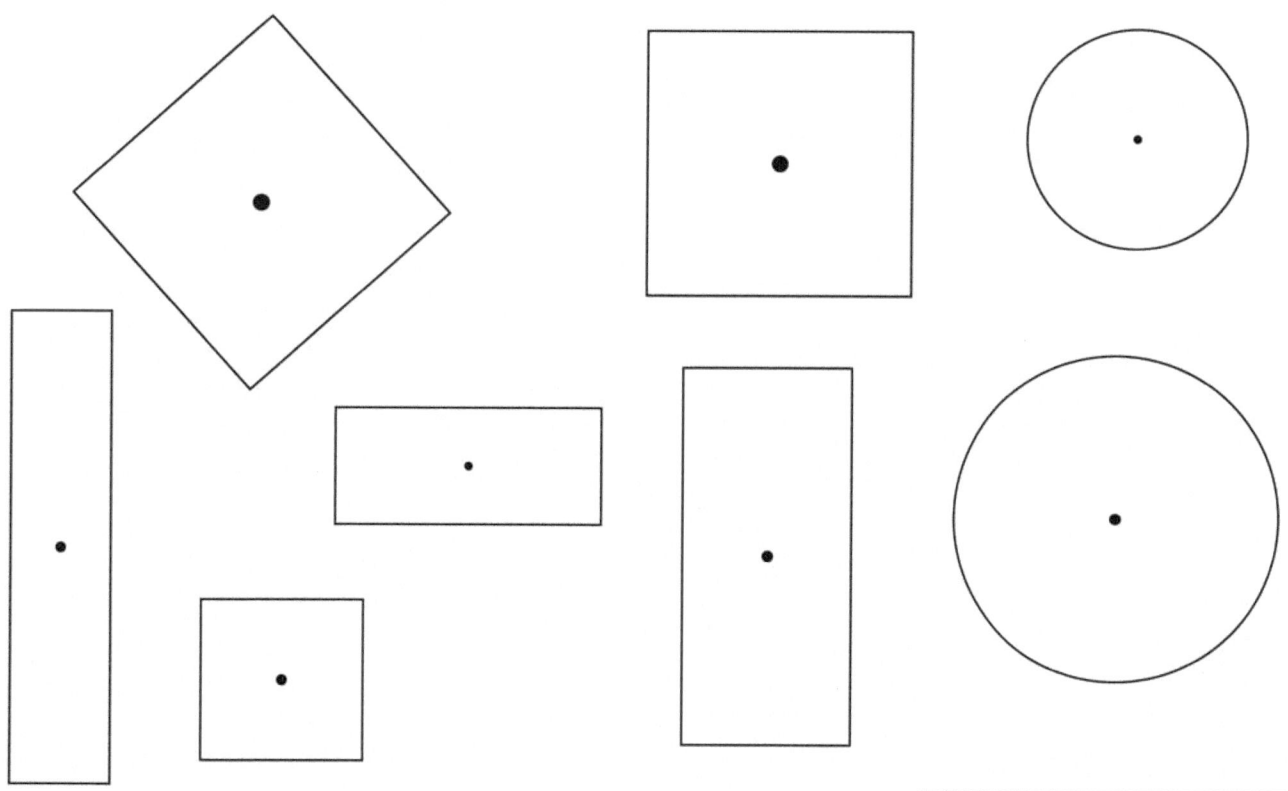

الدوائر والمستطيلات

الدرس 9 مسائل تطبيقية

اقرأ

قطعت إيمي كعكة براوني مربعة إلى أربعة أجزاء متساوية. ارسم صورة لكعكة البراوني. وزعت إيمي 3 أجزاء من كعكة البراوني. كم قطعة بقيت معها؟

تمديد: ما الجزء، أو الكسر، المتبقي من كعكة البراوني الكاملة؟

ارسم

اكتب

_____

_____

_____

الاسم _____ التاريخ _____

قم بتسمية الجزء المظلل من كل صورة بنصف الشكل أو ربع الشكل.

1.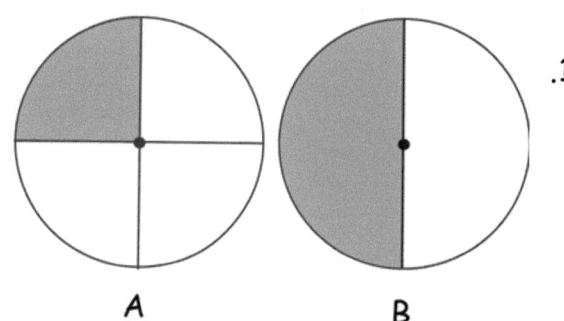

أي شكل تم تقطيعه إلى أجزاء متساوية أكثر؟ _____

أي شكل به أجزاء متساوية أكبر؟ _____

أي شكل به أجزاء متساوية أصغر؟ _____

2.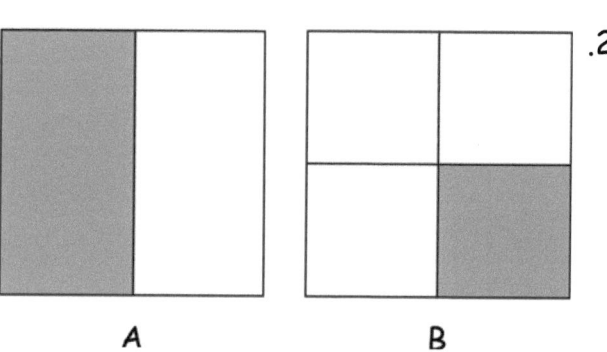

أي شكل تم تقطيعه إلى أجزاء متساوية أكثر؟ _____

أي شكل به أجزاء متساوية أكبر؟ _____

أي شكل به أجزاء متساوية أصغر؟ _____

3. ضع دائرة حول الشكل الذي يضم الجزء المظلل الأكبر. ضع دائرة حول الكلمة التي تجعل الجملة صحيحة.

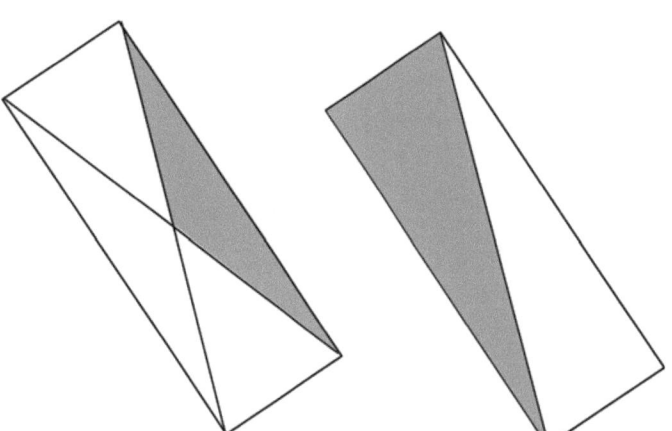

الجزء المظلل الأكبر هو

(نصف / ربع) الشكل الكلي.

لوّن جزء من الشكل ليتناسب مع الملصق الخاص به.

ضع دائرة حول العبارة التي تجعل العبارة صحيحة.

.4

نصف الدائرة. ربع الدائرة.

أكبر من

أصغر من

نفس الحجم

.5

ربع المستطيل

أكبر من

أصغر من

نفس الحجم

نصف المستطيل.

.6

ربع واحد من المربع

أكبر من

أصغر من

نفس الحجم

ربع واحد من المربع.

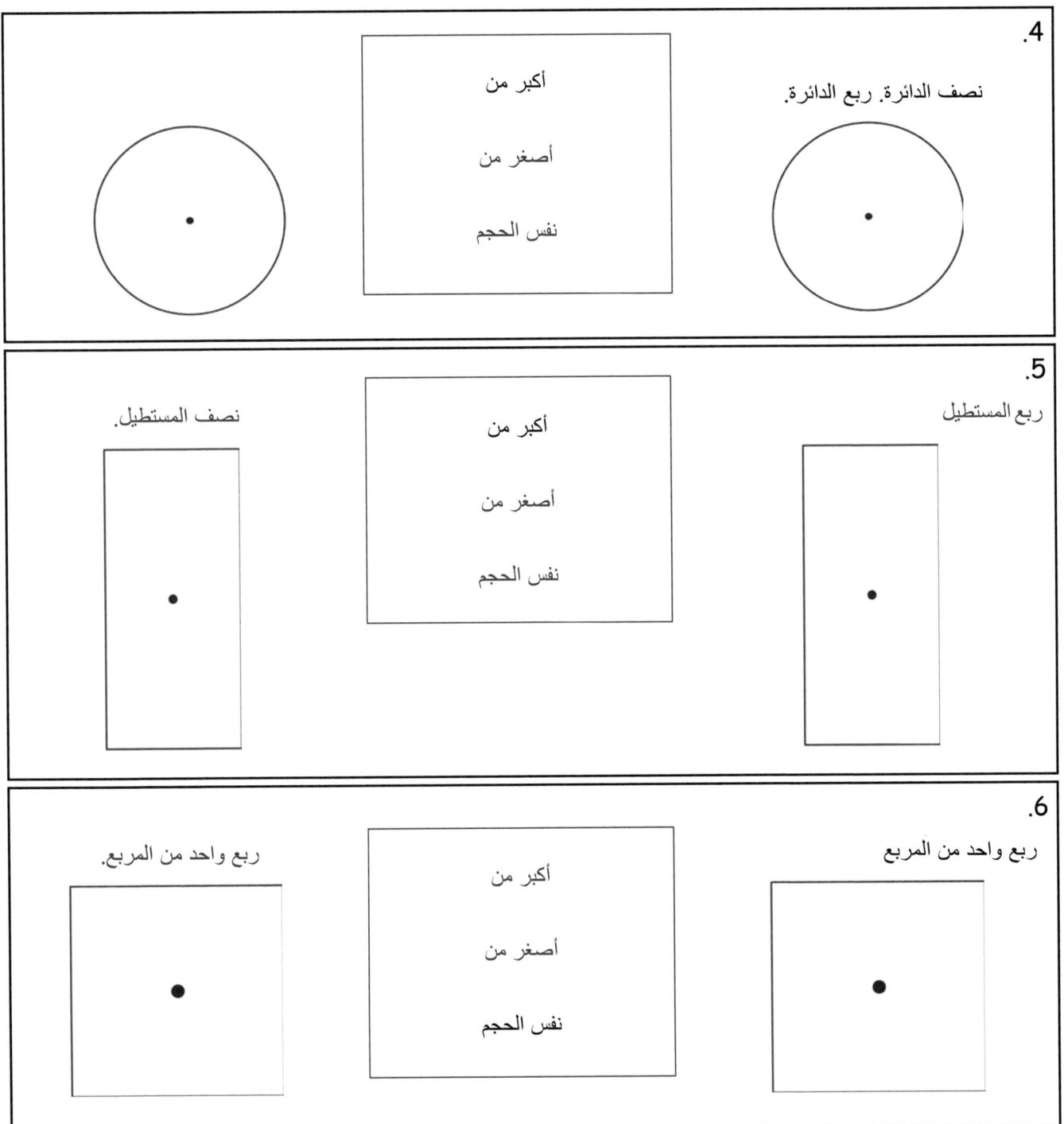

الاسم _____ التاريخ _____

1. ضع دائرة حول صح أو خطأ.

   أ. ربع الدائرة أكبر من نصف الدائرة.

   صح   خطأ

   ب. تقطيع الدائرة إلى أرباع يعطي قطع أكثر من تقطيع الدائرة إلى أنصاف.

   صح   خطأ

2. اشرح إجاباتك مستخدمًا الدوائر أسفله.

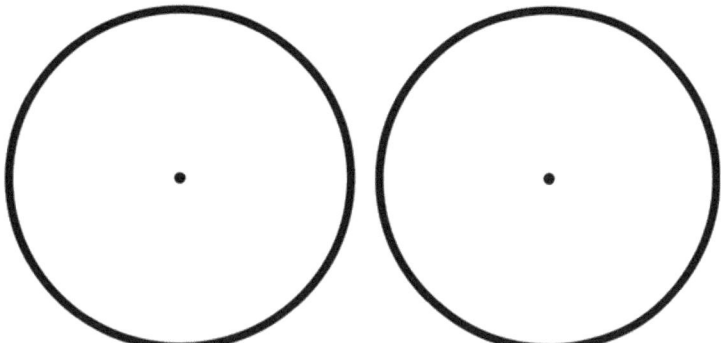

_____

_____

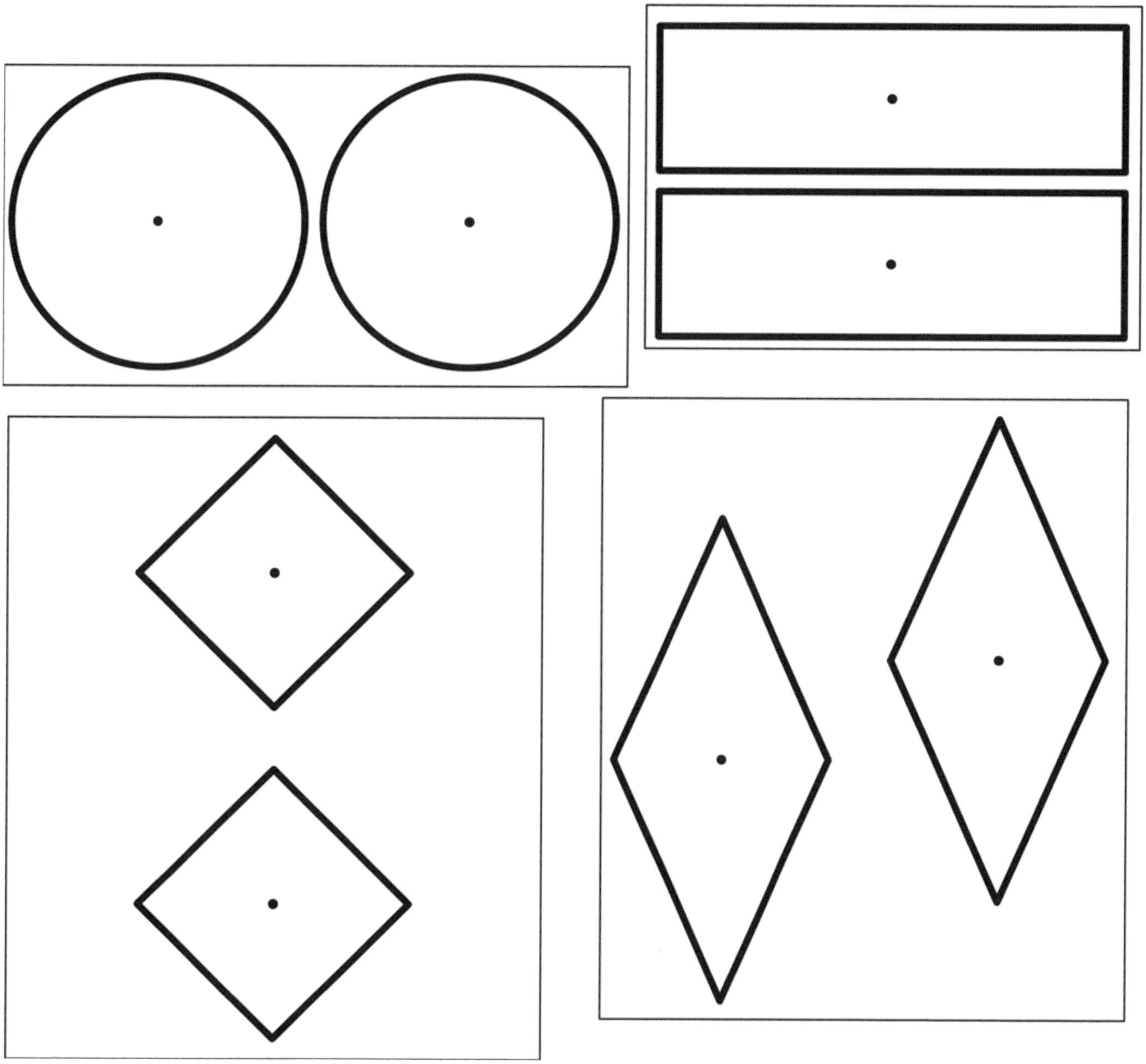

أزواج الأشكال

اقرأ

رسم كيم 7 دوائر. رسمت شانيكا 10 دوائر. كم يقل عدد الدوائر التي رسمها كيم عن التي رسمتها شانيكا؟

ارسم

اكتب

الاسم _____ التاريخ _____

1. صل الساعات التي تظهر نفس الوقت.

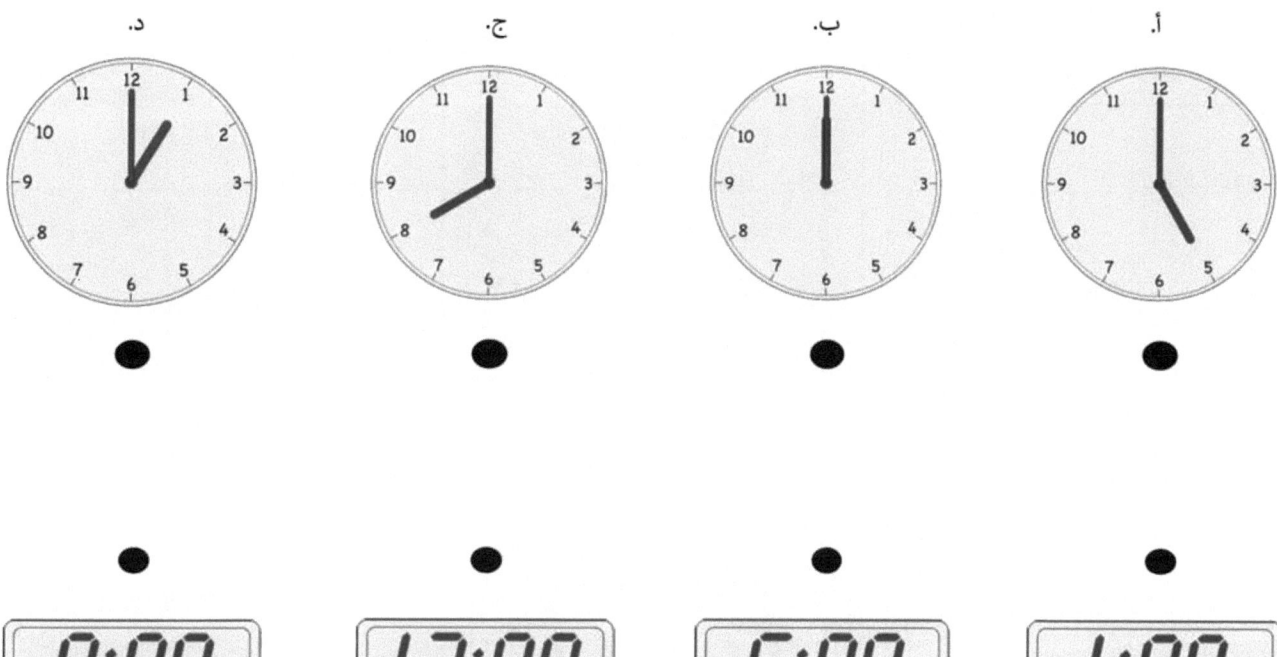

2. ضع عقرب الساعات في هذه الساعة بحيث تقرأ الساعة تمام الثالثة.

3. أكتب الوقت المبين بكل ساعة.

أ.
______ : ______

ب.
______ الساعة

ج.
______ الساعة

د.
______ الساعة

هـ.
______ : ______

و.
______ الساعة

ز.
______ : ______

ح.
______ الساعة

ط.
______ : ______

ي.
______ الساعة

ك.
______ : ______

ل.
______ الساعة

م.
____

ن.
____

س.
____

قصة الوحدات   الدرس 10 تذكرة الخروج   1•5

الاسم _____   التاريخ _____

أكتب الوقت المبين على كل ساعة.

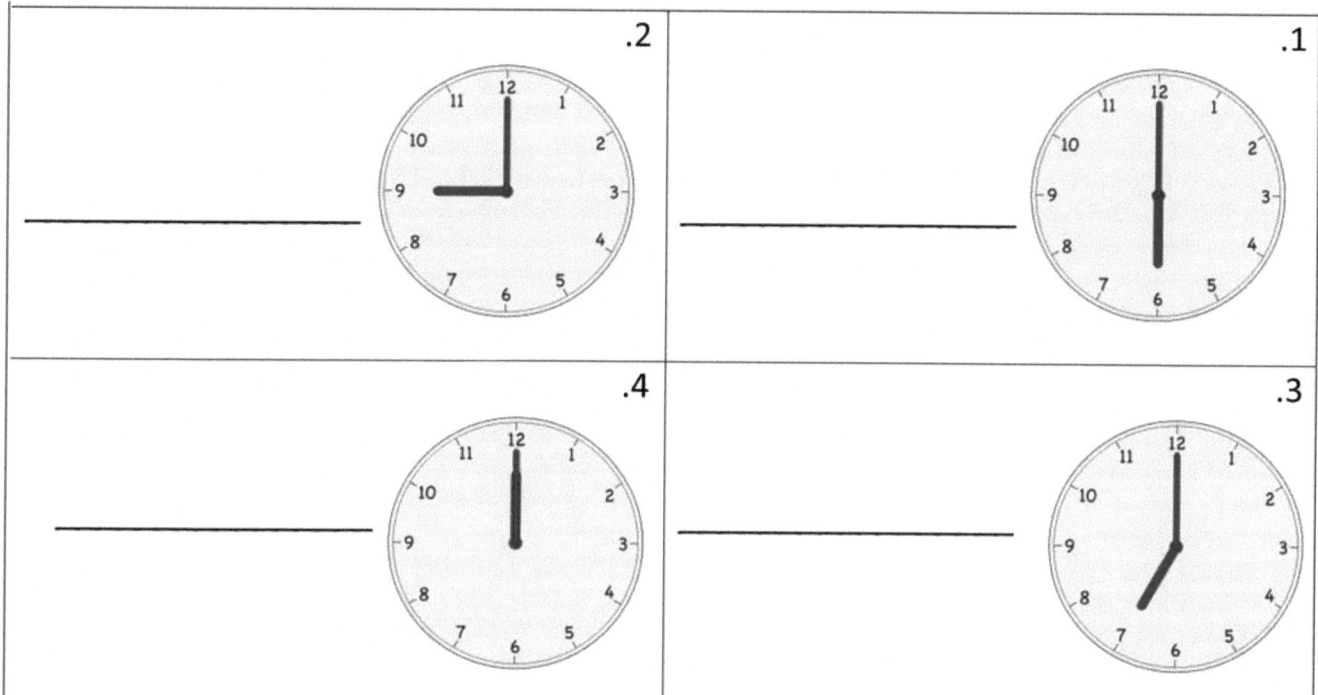

الدرس 10:   اعمل ساعة ورقية عن طريق تقسيم دائرة وإخبار الوقت بالساعة.

قصة الوحدات   الدرس 11 مسائل تطبيقية   5•1

اقرأ

لدى تمارا 7 ساعات رقمية في منزلها وساعتين (2) فقط دائرية أو مزودة بعقارب. كم يقل عدد الساعات الدائرية لدى تمارا عن عدد الساعات الرقمية؟ كم إجمالي عدد الساعات مع تمارا؟

ارسم

اكتب

_____

_____

_____

الاسم ________________________ التاريخ ______________

1. صل بين الساعات والأوقات على اليمين.

أ.

ب.

ج.

- الساعة الخامسة والنصف

12:30

2:30

- الساعة الخامسة وثلاثون دقيقة
- الساعة الثانية عشرة والنصف
- الساعة الثانية وثلاثون دقيقة

2. ارسم عقرب الدقائق بحيث تظهر الساعة الوقت المكتوب أعلاها.

أ. الساعة السابعة

ب. الساعة الثامنة

ج. 7:30

د. 1:30

هـ. 2:30

و. الساعة الثانية

3. أكتب الوقت المبين على كل ساعة. أكمل المسائل كما هو مبين في المثالين الأولين.

أ.
3:30

ب.
الخامسة وثلاثون دقيقة

ج.
____

د.
____

هـ.
____

و.
____

ز.
____

ح.
____

ط.
____

ي.
7:30

____

ك.
____

ل.
10:30

____

4. ضع دائرة حول الساعة التي تظهر الثانية عشرة والنصف.

أ.
ب.
ج.

الاسم _____ التاريخ _____

ارسم عقرب الساعات بحيث تظهر الساعة الوقت المكتوب أعلاها.

1. 9:30

2. 3:30

3. أكتب الوقت الصحيح على السطر.

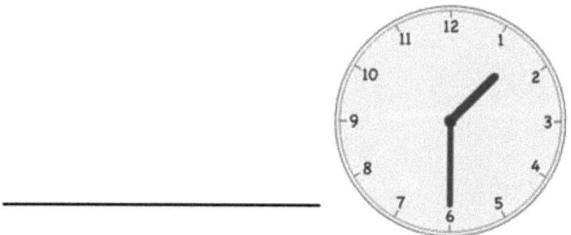

_____

اقرأ

ظلل الساعة من بداية ساعة جديدة وحتى منتصف الساعة. اشرح ما يساوي هذا 30 دقيقة.

ارسم

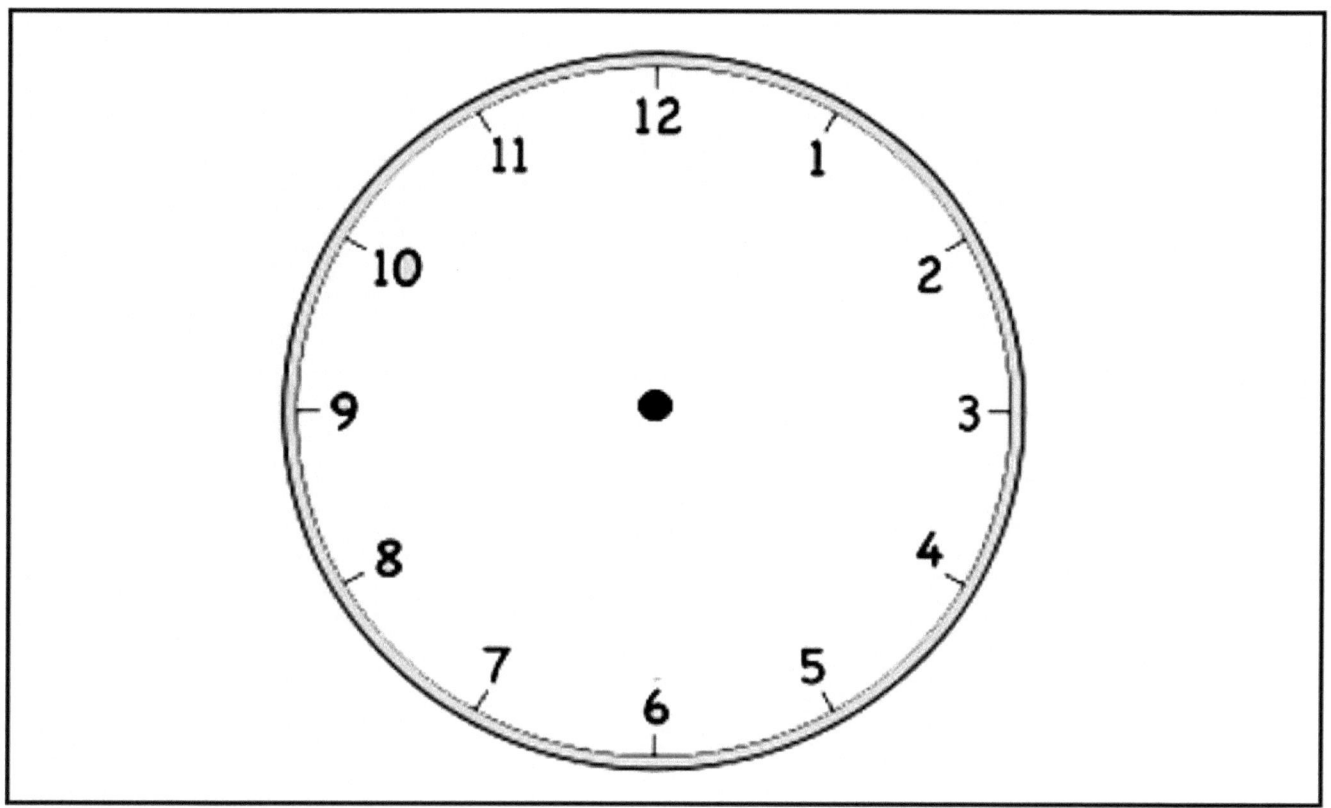

اكتب

_____

_____

_____

الاسم ______________________ التاريخ ____________

أكمل الفراغات.

.1

الساعة ________ تظهر الحادية عشرة والنصف.

.2

تظهر الساعة ________ الساعة الثانية والنصف.

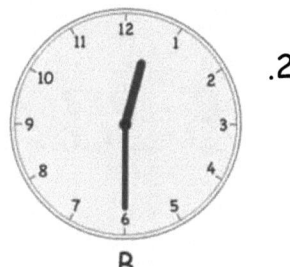

.3

تظهر الساعة ________ تمام السادسة.

.4

تظهر الساعة ________ الساعة 9:30.

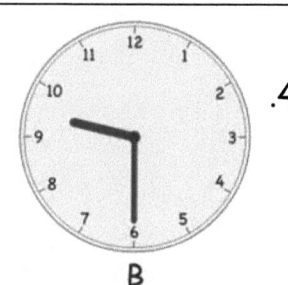

.5

تظهر الساعة ________ الساعة السادسة والنصف.

6. صل بين الساعات.

7:30	الساعة السابعة والنصف	أ. 
7:00	الساعة الواحدة والنصف	ب. 
5:30	الساعة السابعة	ج. 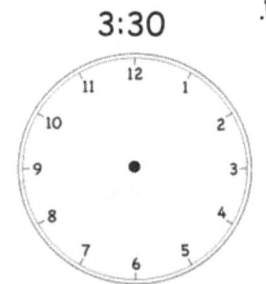
1:30	الخامسة والنصف	د. 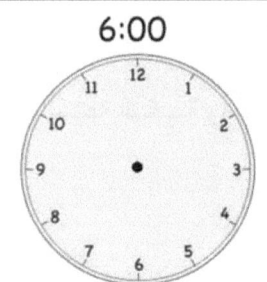

7. ارسم عقرب الدقائق وعقرب الساعات على الساعة.

أ. 3:30   ب. 8:30   ج. 11:00

د. 6:00   هـ. 4:30   و. 12:30

الاسم _____ التاريخ _____

ارسم عقرب الدقائق وعقرب الساعات داخل الساعة.

1. 1:30

2. 10:00

3. 5:30

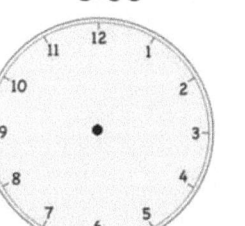

4. 7:30

اقرأ

بن يحب جمع الساعات. لديه 8 ساعات رقمية و 5 ساعات دائرية. كم إجمالي عدد الساعات مع بن؟ كم يزيد عدد الساعات الرقمية مع بن عن عدد الساعات الدائرية؟

ارسم

اكتب

الاسم ________________ التاريخ ________________

ضع دائرة حول الساعة الصحيحة. أكتب أوقات الساعتين الأخرتين على الخطوط.

1. ارسم دائرة حول الساعة التي تظهر الواحدة والنصف.

أ.
ب.
ج.
____

____

2. ضع دائرة حول الساعة التي تظهر تمام السابعة.

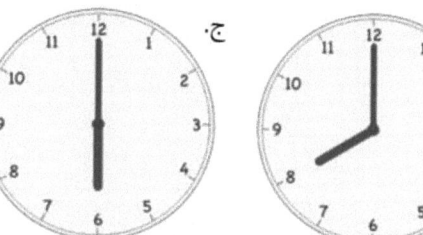

أ.
ب.
ج.
____

____

3. ضع دائرة حول الساعة التي تظهر العاشرة والنصف.

أ.
ب.
ج.
____

____

4. كم الساعة؟ أكتب الأوقات على السطور.

أ.
___:___

ب.
___:___

ج.
___:___

5. ارسم عقرب الدقائق وعقرب الساعات على الساعة.

أ. 1:00   ب. 1:30 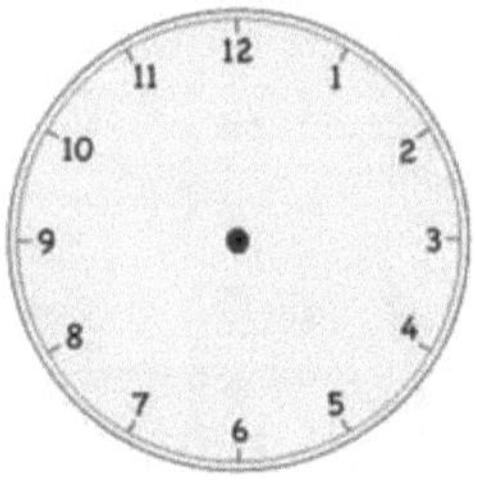   ج. 2:00

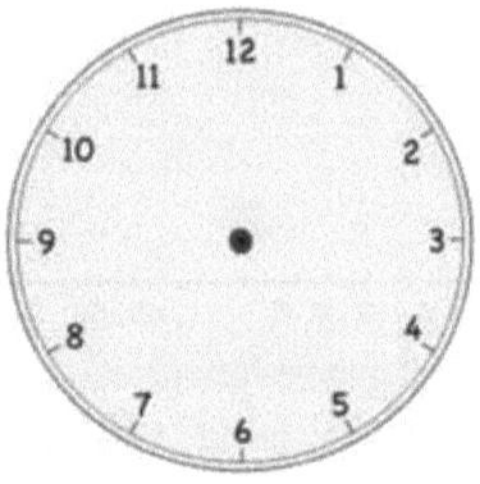

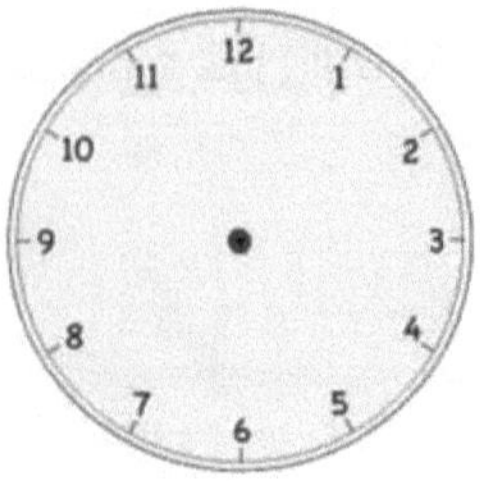

د. 6:30 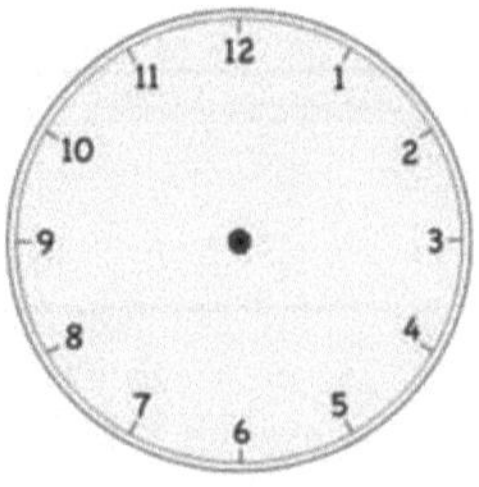   هـ. 7:30 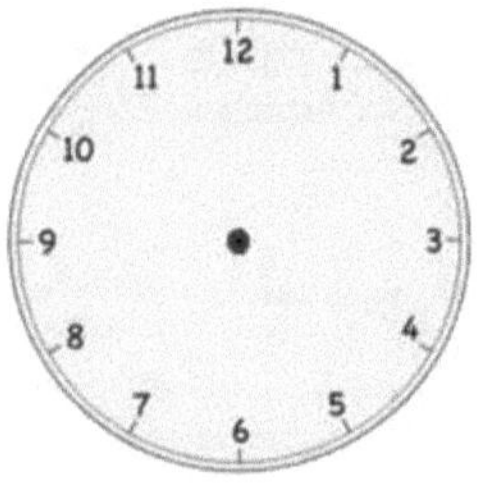   و. 8:30

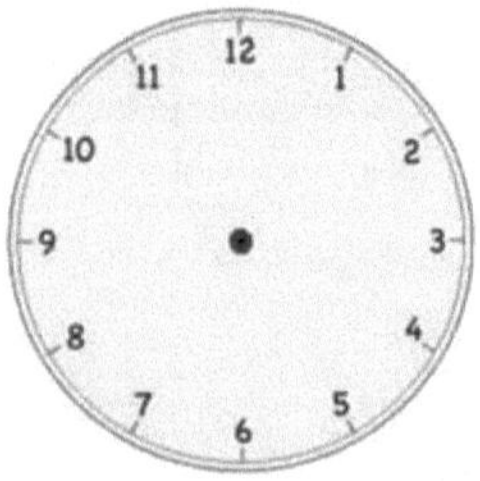

ز. 10:00 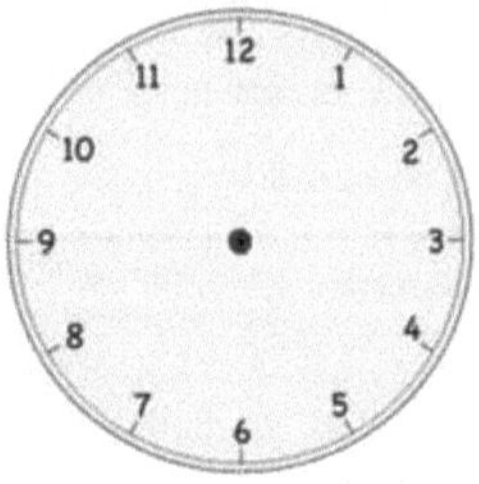   ح. 11:00 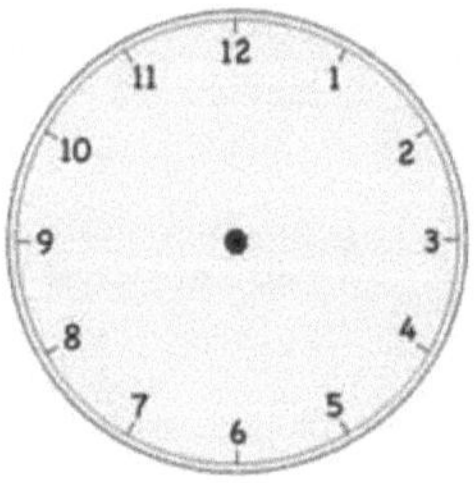   ط. 12:00

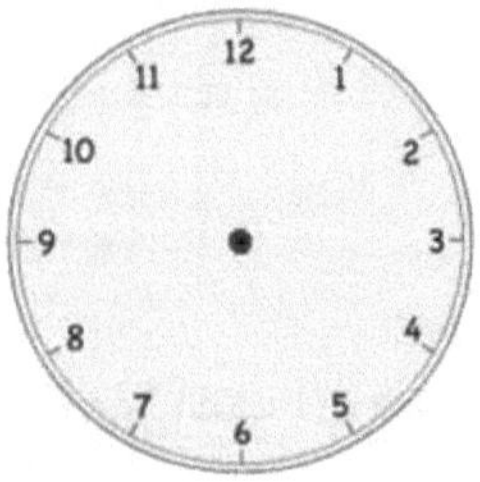

ي. 9:30 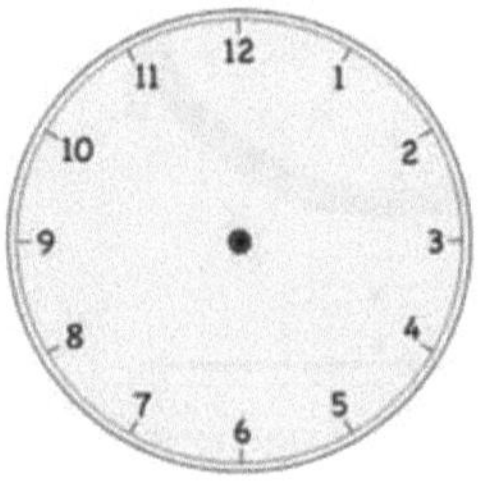   ك. 3:00 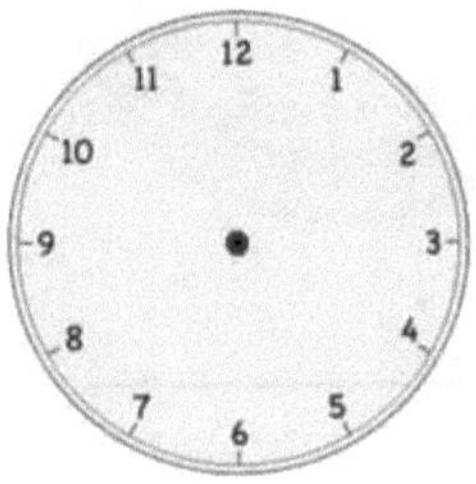   ل. 5:30

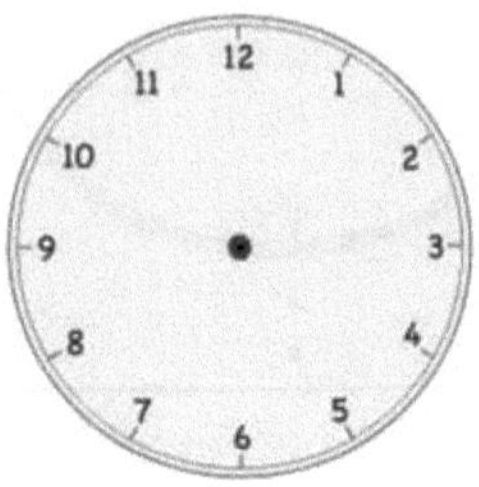

الاسم _____ التاريخ _____

1. ضع دائرة حول الساعة (الساعات) التي تظهر الثالثة والنصف.

أ.    ب.    ج.

2. أكتب الوقت أو ارسم العقارب على الساعات.

أ.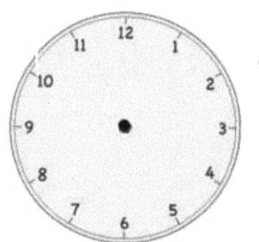

4:30

ب.

_____

ج.

الساعة التاسعة

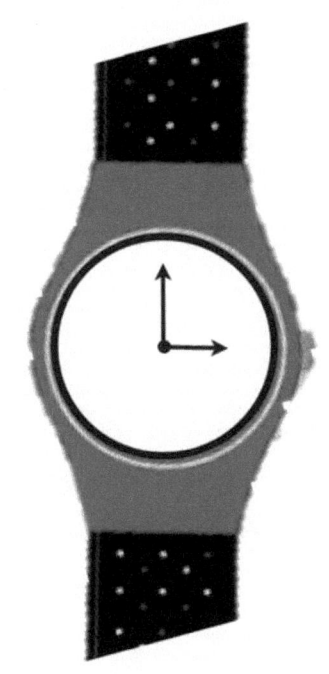

صور الساعة

وحدات دراسية

بذلت شركة Great Minds® قصارى جهدها للحصول على إذن لإعادة طباعة جميع المواد المحمية بحقوق الطبع والنشر.
إذا لم يتم التعرف على أي مالك للمواد المحمية بحقوق الطبع والنشر هنا ، يرجى الاتصال بـ Great Minds للحصول على الإقرار المناسب في جميع الإصدارات المستقبلية وإعادة طبع هذه الوحدة.